에라토스테네스가 만든 소인수분해

익히기

19 에라토스테네스가 만든 소인수분해

익히기

초판 1쇄 발행일 | 2008년 6월 9일
초판 4쇄 발행일 | 2020년 1월 3일

지은이 | 김종영
펴낸이 | 정은영
펴낸곳 | (주)자음과모음

출판등록 | 2001년 11월 28일 제2001-000259호
주소 | 04047 서울시 마포구 양화로6길 49
전화 | 편집부 (02)324-2347, 경영지원부 (02)325-6047
팩스 | 편집부 (02)324-2348, 경영지원부 (02)2648-1311
e-mail | jamoteen@jamobook.com

ISBN 978-89-544-1734-1 (04410)

천재들이 만든 수학퍼즐 익히기

김종영(M&G 영재수학연구소) 지음

19 에라토스테네스가 만든 소인수분해

(주)자음과모음

차 례

초급
문제&풀이

[문제 1] - 1교시

수윤이는 지금으로부터 5000년 전에 나일강 유역에서 살고 있는 이집트인들을 만나기 위해 타임머신을 타고 이집트로 날아갔습니다. 그곳에 도착한 수윤이는 목이 말라 음료수를 사려고 가게로 갔습니다.

가게에는 가격표가 다음과 같이 붙어 있었습니다.

생수 : ∩∩∩𓍢　　꿀물 : ∩∩𓍢𓍢𓍢

수윤이는 생수와 꿀물을 사려면 얼마를 내야하는지 이집트 숫자로 나타내시오.

정답 ∩∩∩∩∩𓍢𓍢𓍢𓍢

풀이 ∩∩∩𓍢 : 130

∩∩𓍢𓍢𓍢 : 320

130＋320＝450

450＝∩∩∩∩∩𓍢𓍢𓍢𓍢

[문제 2] - 1교시

이집트 여행을 마친 수윤이는 로마로 여향을 떠났습니다. 로마에 도착한 수윤이는 식당으로 갔습니다. 식당의 차림표는 다음과 같이 쓰여 있었습니다.

스파게티 : MMDC　　스프 : MCC　　음료수 : CL

수윤이가 식사를 하려면 얼마가 필요할까요?

정답 MMMDCCCCL

풀이 MMDC=2600

MCC=1200

CL=150

2600+1200+150=3950

3950=MMMDCCCCL

메소포타미아 지역에 살고 있던 수메르인들을 정복한 바빌로니아인들은 지금의 10진법이 아닌 60진법을 상용하였습니다. 따라서 59까지는 지금의 10진법과 같이 쓰지만 60은 아래와 같이 $(1, 0)_{(60)}$이 됩니다.

10진법	60진법
1	$1_{(60)}$
2	$2_{(60)}$
⋮	⋮
58	$58_{(60)}$
59	$59_{(60)}$
60	$(1, 0)_{(60)}$
61	$(1, 1)_{(60)}$
⋮	⋮
118	$(1, 58)_{(60)}$
119	$(1, 59)_{(60)}$
120	$(2, 0)_{(60)}$
121	$(2, 1)_{(60)}$
⋮	⋮

바빌로니아인들에게 소 한 마리 값이 10진법으로 683원이라면, 이 가격을 60진법으로 계산하면 얼마일까요?

정답 $(11, 23)_{(60)}$원

풀이 $1=1_{(60)}$

$60=(1, 0)_{(60)}$

$600=(10, 0)_{(60)}$

$600+60=(10, 0)_{(60)}+(1, 0)_{(60)}=(11, 0)_{(60)}$

$600+60+23=(10, 0)_{(60)}+(1, 0)_{(60)}+23_{(60)}=(11, 23)_{(60)}$

[문제 4] – 2교시

아르키메데스는 지름과 높이가 같은 원뿔과 구, 원기둥의 부피의 비는 1:2:3이라는 것을 알아냈습니다.

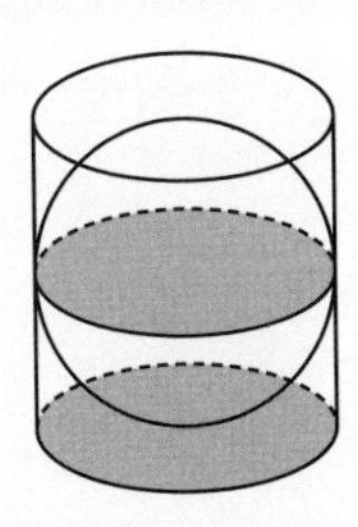

위 그림에서 원기둥의 부피가 $60cm^3$이라면 구의 부피는 얼마인지 구하시오.

A.

정답 40cm³

풀이 원기둥과 구의 부피의 비가 3:2입니다. 원기둥의 부피가 60cm^3 이면 구의 부피는 $60\times\frac{2}{3}=40$이므로 구의 부피는 40cm^3입니다.

[문제 5] - 3교시

면이 20개인 정이십면체 주사위가 있습니다. 이 주사위의 각 면에 숫자 1부터 20까지의 숫자가 적혀 있습니다.

이 주사위에 쓰인 숫자를 모두 더한 값을 구하시오.

A.

정답 210

풀이

$$\begin{array}{r} 1,\ \ 2,\ \ 3,\ \ 4,\ \ 5,\ \ 6,\ \ 7,\ \ 8,\ \ 9,\ \ 10 \\ +\ \ 20,\ 19,\ 18,\ 17,\ 16,\ 15,\ 14,\ 13,\ 12,\ 11 \\ \hline 21+21+21+21+21+21+21+21+21+21 \end{array}$$

$\therefore 21\times10=210$

[문제 6] - 3교시

수윤이와 수지는 1에서 30까지 적힌 숫자 카드를 가지고 다음과 같은 규칙에 따라 숫자 게임을 하기로 하였습니다.

규칙

가위바위보를 해서 이긴 사람은 11에서 30까지의 홀수의 합을, 진 사람은 12에서 30까지의 짝수의 합을 구한 후 그 값이 큰 사람이 이긴다.

가위바위보에서는 수지가 이겼다면 이 게임에서 이긴 사람은 누구입니까?

A.

정답 수윤

풀이 1에서 30까지의 홀수는 15개이고 1에서 10까지의 홀수는 5개이므로 11에서 30까지 홀수의 합은 $15 \times 15 - 5 \times 5 = 200$입니다.

1에서 30까지의 짝수는 15개이고 1에서 11까지의 짝수는 5개이므로 12에서 30까지 짝수의 합은 $15 \times 16 - 5 \times 6 = 210$입니다.

따라서 짝수의 합을 택한 수윤이가 이깁니다.

절댓값이란 원점0에서 수직선 위에 있는 어떤 점까지의 거리를 말하며 기호로는 | |를 써서 나타냅니다. 즉 0에서 3까지의 거리나 0에서 −3까지의 거리는 모두 3으로 같습니다. 예를 들면 다음과 같습니다.

$$|+3|=|-3|=3$$

수직선 위에서 수는 오른쪽으로 갈수록 커지고 왼쪽으로 갈수록 작아지지만 0을 제외한 모든 수의 절댓값은 항상 양수이므로 절댓값은 원점0에서 멀리 떨어질수록 그 값은 커집니다.
그렇다면 정수에서 절댓값이 5보다 작은 정수는 몇 개가 있는지 모두 찾아보시오.

정답 $-4, -3, -2, -1, 0, 1, 2, 3, 4$

풀이 정수에서 절댓값이 5보다 작다는 것은 0에서의 거리가 5보다 작은 정수를 말하므로 원점에서 왼쪽으로는 -4까지이고, 원점에서 오른쪽으로는 4까지입니다.

따라서 $-4, -3, -2, -1, 0, 1, 2, 3, 4$는 모두 0에서 5보다 가까운 거리에 있는 정수입니다.

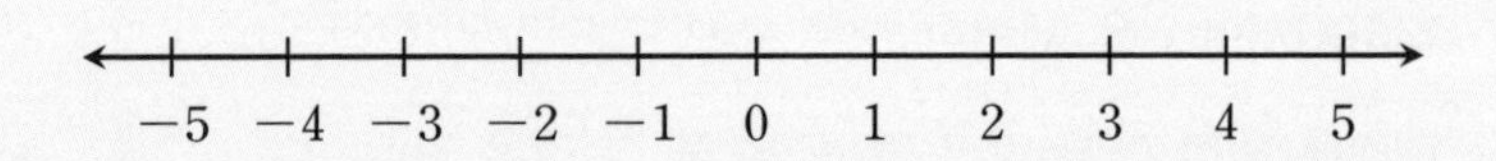

수학 시간에 선생님은 아래의 식을 보여주시고는 수윤이에게는 A+B의 값을 구하라고 하였고, 수지에게는 A−B의 값을 구하라고 하였으며, 혁수는 A×B의 값을 그리고 범수는 A÷B의 값을 구하라고 하였습니다.

네 사람 중 값이 가장 작은 사람은 누구입니까?

$$1+2-3+4-5+6-7=A$$
$$(+8)+(+5)-(+7)+(-9)-(+4)-(-6)=B$$

A.

정답 수윤

풀이 $1+2-3+4-5+6-7=1+2+4+6-3-5-7$

$=13-15$

$=-2$

따라서 $A=-2$입니다.

$(+8)+(+5)-(+7)+(-9)-(+4)-(-6)$

$=8+5-7-9-4+6$

$=8+5+6-7-9-4$

$=19-20$

$=-1$

따라서 $B=-1$입니다.

수윤 : $A+B=-2+(-1)$
$=-2-1$
$=-3$

수지 : $A-B=-2-(-1)$
$=-2+1$
$=-1$

혁수 : $A\times B=-2\times(-1)$
$=2$

범수 : $A\div B=-2\div(-1)$
$=2$

[문제 9] - 4교시

아래의 분수들 중에 유한소수 칸에 색을 칠하면 나타날 숫자가 무엇인지 쓰시오.

$\frac{1}{8}$	0.189762543	$\frac{7}{2}$
1.232323⋯	$\frac{1}{3}$	$\frac{7}{8}$
$\frac{5}{30}$	3.14	π
$\frac{5}{12}$	0.222⋯	0.000789654
0.0101010101	$\frac{121}{22}$	$\frac{3}{12}$

A.

정답 3

풀이 유한소수는 소수점 아래의 숫자가 유한한 소수입니다.

$\frac{1}{8}=0.125,\ \frac{7}{2}=3.5,\ \frac{7}{8}=0.875,\ \frac{3}{12}=0.25,\ \frac{121}{22}=\frac{11}{2}=5.5$

$0.189762543,\ 3.14,\ 0.000789654,\ 0.0101010101$

위의 숫자들은 모두 소수점 아래의 수가 유한한 소수입니다.

그러나 아래의 숫자들은 소수점 아래의 수가 끝이 없이 무한히 가는 수이므로 무리수입니다.

$\frac{1}{3}=0.33333\cdots,\ \frac{5}{30}=\frac{1}{6}=0.16666\cdots,\ \frac{5}{12}=0.41666\cdots,$

$1.232323\cdots,\ 0.222\cdots,\ \pi=3.141592653\cdots$

따라서 유리수의 칸을 칠하면 3이 됩니다.

무한소수에는 순환소수순환하는 무한소수와 순환하지 않는 무한소수 비순환소수가 있습니다.

$\frac{4}{7}$는 순환소수인지 순환하지 않는 무한소수인지 말하고, $\frac{4}{7}$를 소수로 나타낼 때, 소수점 아래 20번째 자리의 숫자를 찾아쓰시오.

A.

정답 순환소수, 7

풀이 $\frac{4}{7}=0.571428571428571428\cdots$로 571428이 일정하게 반복되는 순환소수입니다. 따라서 $\frac{4}{7}$는 순환소수입니다.

그리고 $\frac{4}{7}$는 571428로 반복되는 수이기 때문에 20번째 자리는 $20\div6=3\cdots2$가 되므로 571428이 3번 반복된 다음 두 번째 자리인 7이 됩니다.

[문제 11] - 4교시

분수나 순환소수는 정수가 아닌 유리수입니다. 따라서 모든 분수는 순환소수로 그리고 순환소수는 분수로 나타낼 수 있습니다. 아래에 있는 수에서 분수는 순환소수로, 순환소수는 분수로 나타내시오.

$$\frac{1}{6},\quad 0.\dot{4}\dot{7}$$

A.

정답 $\frac{1}{6}=0.1\dot{6}$, $0.\dot{4}\dot{7}=\frac{47}{99}$

풀이 $\frac{1}{6}$은 $0.1666\cdots$로 6이 반복됩니다. 따라서 6위에 순환점을 찍어서 다음과 같이 나타냅니다.

$$\frac{1}{6}=0.1666\cdots=0.1\dot{6}$$

$x=0.\dot{4}\dot{7}$을 분수로 나타내면 아래와 같습니다.

$$\begin{array}{r} 100x=47.4747\cdots \\ -x=\ \ 0.4747\cdots \\ \hline 99x=47\qquad\quad \end{array}$$

따라서 $x=\frac{47}{99}$이므로 $0.\dot{4}\dot{7}=\frac{47}{99}$입니다.

수윤이와 소연이 그리고 소정이와 수진이는 아래와 같이 운동장 에서 직사각형의 그림을 그려 놓고 공받기 놀이를 하였습니다. 수윤이와 소연이의 거리는 3m이고 소연이와 수진이의 거리가 4m 라면 수윤이와 수진이의 거리는 몇 m입니까?

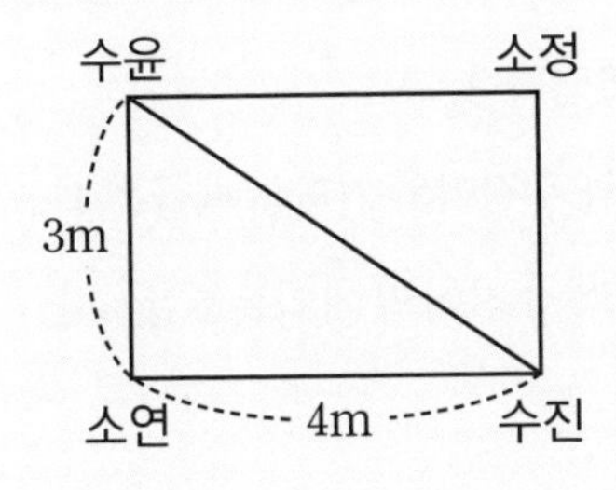

A.

정답 5m

풀이 피타고라스의 정리에 의하면 직각삼각형에서 빗변의 제곱은 나머지 두 변의 제곱의 합과 같습니다. 수윤이와 소연이의 거리의 제곱은 $3^2=3\times3=9$이고, 소연이와 수진이의 거리의 제곱은 $4^2=4\times4=16$입니다.

따라서 수윤이와 수진이의 거리의 제곱은 $4^2+3^2=16+9=25=5^2$이므로 수윤이와 수진이의 거리는 5입니다.

[문제 13] - 5교시

제곱하면 -1이 되는 수를 i라 하면 $i^2=-1$이 됩니다. 이때 i를 허수단위라고 합니다.

따라서 허수단위 i는 다음과 같이 연산이 됩니다.

$$i$$
$$i^2=-1$$
$$i^3=i^2\times i=-1\times i=-i$$
$$i^4=i^2\times i^2=(-1)\times(-1)=1$$

다음 중 그 값이 다른 하나를 고르시오.

① i^6 ② $(i^2)^6$ ③ i^{60} ④ $(i^6)^6$ ⑤ i^{104}

A.

정답 ①

풀이 ① $i^6=i^4\times i^2=1\times(-1)=-1$

② $(i^2)^6=i^{12}=(i^4)^3=1^3=1$

③ $i^{60}=(i^4)^{15}=1^{15}=1$

④ $(i^6)^6=i^{36}=(i^4)^9=1^9=1$

⑤ $i^{104}=(i^4)^{26}=1^{26}=1$

[문제 14] - 5교시

미연이는 초등학교 4학년입니다.

소연이는 중학교 1학년입니다.

수연이는 고등학교 1학년입니다.

"$x^4=16$일 때, x값을 구하시오."

위의 문제를 보고 세 사람은 다음과 같은 답을 냈습니다.

다음 중 세 사람은 수의 범위를 어디까지 생각하고 구한 답인지 구하시오.

① 자연수 ② 정수 ③ 유리수 ④ 실수 ⑤ 복소수

미연 : $x=2$

소연 : $x=2$ 또는 $x=-2$

수연 : $x=2$ 또는 $x=-2$ 또는 $x=2i$ 또는 $x=-2i$

A.

정답 미연 : ① 자연수

소연 : ② 정수

수연 : ⑤ 복소수

풀이 $x^4=16$

$x^2=\pm4$

i) $x^2=4$일 경우 $x=2$ 또는 $x=-2$

ii) $x^2=-4$일 경우

$x^2=-4$

$=4\times(-1)$

$=2^2\times i^2$ ($\because -1=i^2$)

$=(2i)^2$

$\therefore x=\pm2i$

[문제 15] - 5교시

유리수와 실수 그리고 복소수는 사칙연산에 대해서 닫혀 있지만 자연수는 덧셈과 곱셈에 대해서는 닫혀 있고 뺄셈과 나눗셈에 대해서는 닫혀 있지 않습니다. 정수는 덧셈과 뺄셈 그리고 곱셈에 대해서는 닫혀 있고 나눗셈에 대해서는 닫혀 있지 않습니다.
자연수는 왜 뺄셈과 나눗셈에 대해서는 닫혀 있지 않고, 정수는 왜 나눗셈에 대해서는 닫혀 있지 않는지 예를 들어 보시오.

A.

정답 빼셈에 대한 예) $3-5=-2$

-2는 자연수가 아니므로 자연수에 대해서는 닫혀 있지 않습니다.

나눗셈에 대한 예) $3\div5=\frac{3}{5}=0.6$

$\frac{3}{5}$ 또는 0.6은 정수가 아니므로 자연수나 정수에 대해서는 닫혀 있지 않습니다.

[문제 16] – 5교시

$a+e=e+a=a$를 만족시키는 수원소 e를 덧셈에 대한 항등원0이라 하고, $a\times e=e\times a=a$를 만족시키는 수원소 e를 곱셈에 대한 항등원1이라고 합니다.

$a+z=z+a=0$를 만족시키는 수원소 z를 덧셈에 대한 역원($z=-a$)이라 하고, $a\times z=z\times a=1$를 만족시키는 수 z를 곱셈에 대한 역원$z=\frac{1}{a}$이라고 합니다.

$\frac{2}{3}$의 덧셈과 곱셈에 대한 항등원과 역원을 구하시오.

A.

풀이 덧셈과 곱셈에 대한 항등원을 e라고 할 때,

$\frac{2}{3}+e=\frac{2}{3}$

양변에서 $\frac{2}{3}$을 빼준다.

$\frac{2}{3}-\frac{2}{3}+e=\frac{2}{3}-\frac{2}{3}$

$e=0$

$\therefore$ 덧셈에 대한 항등원은 0이다.

$\frac{2}{3}\times e=\frac{2}{3}$

양변에 $\frac{3}{2}$을 곱해준다.

$\frac{2}{3}\times\frac{3}{2}\times e=\frac{2}{3}\times\frac{3}{2}$

$e=1$

$\therefore$ 곱셈에 대한 항등원은 1이다.

덧셈과 곱셈에 대한 역원을 x라고 할 때,

$\frac{2}{3}+x=0$

양변에서 $\frac{2}{3}$을 빼준다.

$\frac{2}{3}-\frac{2}{3}+x=0-\frac{2}{3}$

$x=-\frac{2}{3}$

$\therefore$ 덧셈에 대한 역원은 $\left(-\frac{2}{3}\right)$이다.

$\frac{2}{3}\times x=1$

양변에 $\frac{3}{2}$을 곱해준다.

$\frac{2}{3}\times\frac{3}{2}\times x=1\times\frac{3}{2}$

$x=\frac{3}{2}$

$\therefore$ 곱셈에 대한 역원은 $\frac{3}{2}$이다.

수윤이는 30송이의 장미꽃을 가지고 있습니다. 수윤이는 가지고 있는 장미꽃을 팔아 불우이웃 돕기 성금을 마련하려고 합니다. 장미꽃을 파는 방법은 아래의 보기와 같습니다. 수윤이가 최대한 많은 돈을 마련하려면 어떤 방법을 사용해야 할지 고르시오. 단 포장 시간과 포장지는 비용으로 계산하지 않고 모든 장미는 팔린다고 생각합니다.

① 한 송이씩 낱개로 팔면 한 송이 당 가격은 500원입니다.
② 두 송이씩 포장을 해서 팔면 한 묶음 당 가격은 1200원입니다.
③ 세 송이씩 포장을 해서 팔면 한 묶음 당 가격은 2000원입니다.
④ 다섯 송이씩 포장을 해서 팔면 한 묶음 당 가격은 3400원입니다.
⑤ 여섯 송이씩 포장을 해서 팔면 한 묶음 당 가격은 4200원입니다.
⑥ 열 송이씩 포장을 해서 팔면 한 묶음 당 가격은 6500원입니다.

정답 ⑤

풀이 ① $30 \times 500 = 15000$

② $15 \times 1200 = 18000$

③ $10 \times 2000 = 20000$

④ $6 \times 3400 = 20400$

⑤ $5 \times 4200 = 21000$

⑥ $3 \times 6500 = 19500$

[문제 18] - 6교시

자기 자신을 제외한 양의 약수를 더했을 때 다시 자기 자신이 되는 양의 정수를 수론에서 완전수完全數라고 합니다.

28의 약수는 1, 2, 4, 7, 14, 28입니다.

$28=1+2+4+7+14$

따라서 28도 완전수입니다.

28의 약수를 하세 다이어그램을 이용하여 구해보시오.

A.

정답 1, 2, 4, 7, 14, 28

풀이

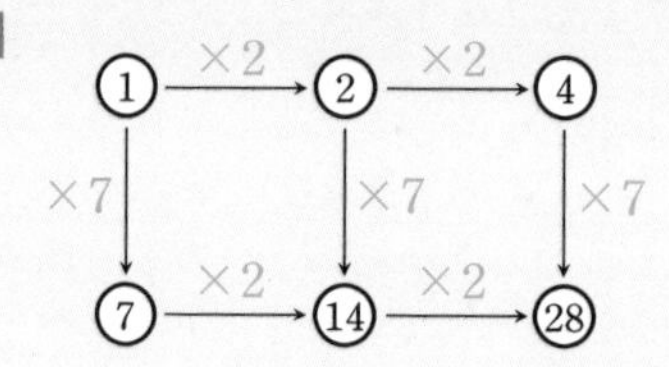

→ 가로 선은 앞의 수에 2를 곱합니다.

①×2=②, ②×2=④

↓ 세로선은 위의 수에 7을 곱합니다.

①×7=⑦, ②×7=⑭, ④×7=28

따라서 28의 약수는 1, 2, 4, 7, 14, 28입니다.

[문제 19] - 6교시

아래의 A, B, C의 인수의 개수를 각각 a, b, c라고 할 때, $a+b+c$의 값을 구하시오. 단, 다항식에서 상수항만의 인수는 생각하지 않습니다.

$$A=49$$
$$B=x^3$$
$$C=4x^2$$

A.

정답 12

풀이 $\mathrm{A}=49=1\times7\times7=7^2$

A의 인수 : 1, 7, 49 $a=3$

$\mathrm{B}=x^3=1\times x\times x\times x$

B의 인수 : x, x^2, x^3 $b=3$

$\mathrm{C}=4x^2=1\times2\times2\times x\times x=2^2\times x^2$

C의 인수 : x, x^2, $2x$, $2x^2$, $4x$, $4x^2$ $c=6$

$\therefore a+b+c=12$

[문제 20] - 7교시

수윤이와 소연이는 어버이날에 평소에 모은 용돈으로 길에서 노숙하는 사람들에게 선물을 주기로 하고 양말 88켤레와 손수건 66개를 샀습니다. 두 사람이 산 양말과 손수건을 20명 이상에게 골고루 나누어 주기로 하고 공원으로 갔습니다.

두 사람이 준비한 선물은 모두 몇 명에게 줄 수 있습니까?

A.

정답 22명

풀이 양말 88켤레의 약수는 1, 2, 4, 8, 11, 22, 44, 88입니다.

손수건 66개의 약수는 1, 2, 3, 6, 11, 22, 33, 66입니다.

두 수 88과 66의 공약수는 1, 2, 11, 22입니다.

따라서 두 사람은 22명에게 선물을 줄 수 있습니다.

22명에게 줄 경우에는 한 사람에게 양말은 4켤레, 손수건은 3개를 줄 수 있습니다.

[문제 21] - 7교시

수윤이는 싸이에서 미니홈피를 만들기로 하고 비밀번호를 정하려고 비밀번호의 칸에 클릭을 하자 네 자리 숫자를 기록하라는 창이 떴습니다. 그래서 수윤이는 비밀번호 네 자리를 정하였는데, 수윤이는 4, 5, 6 중 어떤 수로 나누어도 나머지가 2가 남는 가장 작은 네 자리수를 비밀번호로 정하였습니다.
수윤이가 정한 비밀번호를 찾아보시오.

정답 1022

풀이 4, 5, 6으로 나누면 2가 남는 수를 x라고 할 때, $x-2$는 4, 5, 6의 공배수가 됩니다.

4, 5, 6의 최소공배수는 60입니다.

따라서 $x-2$는 60의 배수이면서 가장 작은 네 자리 숫자입니다.

네 자리 숫자 중 가장 작은 숫자는 1020입니다.

$x-2=1020$이므로 $x=1022$입니다.

따라서 비밀번호는 1022입니다.

[문제 22] - 7교시

서로소란 두 자연수 사이에 최대공약수가 1뿐일 때, 그 두 자연수를 서로소라고 합니다.

다음 중 서로소가 아닌 것을 고르시오.

① (39, 49) ② (57, 67) ③ (81, 51)

④ (93, 103) ⑤ (133, 143)

A.

정답 ③

풀이 ① 39 : 1, 3, 13, 39　　49 : 1, 7, 49

② 57 : 1, 3, 19, 57　　67 : 1, 67

③ 81 : 1, 3, 9, 27, 81　　51 : 1, 3, 17, 51

④ 93 : 1, 3, 31, 93　　103 : 1, 103

⑤ 133 : 1, 7, 19, 133　　143 : 1, 11, 13, 143

따라서 81과 51은 공약수 1, 3을 가지므로 서로소가 아닙니다.

[문제 23] - 7교시

혁수네 학교 우주소년단이 별자리 캠프를 갔습니다. 캠프에 참가한 학생들의 수가 40명보다 많고 50명보다 적었습니다. 캠프에 참여한 학생들의 숙소를 정하는데 3인실, 4인실, 6인실의 어느 방으로 배정하여도 항상 1명이 남아 1명은 지도 선생님 방에서 자기로 하였습니다. 별자리 캠프에 참가한 학생들은 몇 명입니까?

A.

정답 49명

풀이 별자리 캠프에 참여한 학생의 수를 x명이라고 할 때, $x-1$은 3, 4, 6의 공배수입니다. 3, 4, 6의 최소공배수는 12입니다. 12의 배수 중에 40과 50사이에 있는 수는 48입니다. $x-1$은 48이므로 x는 49가 됩니다.

따라서 캠프에 참여한 학생은 49명입니다.

[문제 24] - 8교시

소수란 2 이상의 자연수들 중에서 1과 자신만을 약수로 가진 수로서 약수가 2개뿐인 수입니다.

다음 중 소수가 아닌 것을 모두 찾으시오.

33, 43, 53, 37, 47, 57, 61, 71, 81, 69, 79, 89

정답 33, 57, 81, 69

풀이 33 − 1, 3, 11, 33

57 − 1, 3, 19, 57

81 − 1, 3, 9, 27, 81

69 − 1, 3, 23, 69

아래의 집합에서 원소를 가장 많이 가지고 있는 집합을 고르시오.

A={x|x는 10 이상 20 이하인 소수}

B={x|x는 30 이상 40 이하인 소수}

C={x|x는 50 이상 60 이하인 소수}

D={x|x는 70 이상 80 이하인 소수}

E={x|x는 80 이상 100 이하인 소수}

A.

정답 A

풀이 A={11, 13, 17, 19}

B={31, 37}

C={53, 59}

D={71, 73, 79}

E={83, 89, 97}

소인수란 인수약수들 중에 소수인 인수를 말합니다.

420의 소인수가 아닌 것을 고르시오.

① 2 ② 3 ③ 5 ④ 7 ⑤ 11

A.

정답 ⑤

풀이 $420=2\times2\times3\times5\times7$

따라서 420의 소인수는 2, 3, 5, 7입니다.

[문제 27] - 9교시

거듭제곱이란 같은 수나 문자를 거듭반복하여 곱한 것을 말합니다.
거듭제곱에서 밑이란 거듭반복하여 곱한 수나 문자를 말합니다.
그리고 지수란 거듭반복하여 곱해진 수나 문자의 개수를 말합니다.
아래의 식에서 밑과 지수를 말하시오.

$$a\times a\times a\times b\times b\times b\times b=a^3b^4$$

정답 밑 : a와 b, a의 지수 : 3, b의 지수 : 4

풀이 거듭제곱이란 같은 수나 문자를 거듭반복하여 곱한 것을 말합니다. 그리고 거듭제곱에서 밑이란 거듭반복하여 곱한 수나 문자를 말하며, 지수는 거듭반복하여 곱해진 수나 문자의 개수를 말합니다. $a\times a\times a\times b\times b\times b\times b=a^3b^4$에서 a와 b를 반복해서 곱한 것이므로 a와 b는 밑이 되고, a는 세 번 b는 네 번 곱해졌으므로 a의 지수는 3, b의 지수는 4입니다.

[문제 28] – 9교시

소인수란 인수약수들 중에서 소수인 인수약수를 말합니다. 자연수 140은 다음과 같이 나타낼 수 있습니다.

$$140 = 2^2 \times 5 \times 7$$

위의 식에서 140의 소인수를 모두 찾으시오.

정답 2, 5, 7

풀이 소인수란 인수약수들 중에서 소수인 인수약수를 말합니다. 140을 소수인 인수들의 곱으로 나타내면 $140=2\times2\times5\times7$입니다. 따라서 140의 소인수는 2, 5, 7입니다.

[문제 29] - 9교시

하나의 정수나 다항식을 2개 이상의 정수나 다항식의 곱으로 나타내는 것을 인수분해라고 합니다. 인수분해된 인수 중에서 소수들만의 곱으로 나타내는 것을 소인수분해라고 합니다.

대한민국을 3000리 반도 금수강산이라고 합니다. 3000을 소인수분해하시오.

A.

정답 $3000=2^3\times3\times5^3$

풀이 3000를 소인수분해하면 다음과 같습니다.

$$\begin{array}{r|r} 2 & 3000 \\ \hline 2 & 1500 \\ \hline 2 & 750 \\ \hline 3 & 375 \\ \hline 5 & 125 \\ \hline 5 & 25 \\ \hline & 5 \end{array}$$

$3000=2^3\times3\times5^3$

[문제 30] - 9교시

자연수의 약수 및 약수의 개수는 소인수분해한 다음 표를 응용하여 구할 수 있습니다. 6교시 약수와 인수 참조

즉, 자연수 N이 아래와 같이 소인수분해될 경우 N의 약수들은 다음과 같습니다.

$N=a^2b^3$일 경우

×	1	b	b^2	b^3
1	1	b	b^2	b^3
a	a	ab	ab^2	ab^3
a^2	a^2	a^2b	a^2b^2	a^2b^3

72을 소인수분해하고 약수의 개수와 모든 약수를 구하시오.

정답 72의 소인수분해 : $72=2^3\times 3^2$

72의 약수의 개수 : $(3+1)(2+1)=12$, 12개

72의 약수 : 1, 2, 3, 4, 6, 8, 9, 12, 18, 24, 36, 72

×	1	2	$2^2=4$	$2^3=8$
1	1	2	4	8
3	3	6	12	24
$3^2=9$	9	18	36	72

[문제 31] - 9교시

지수의 법칙에서 밑이 같은 거듭제곱끼리의 곱셈은 지수끼리 더하고, 나눗셈은 지수끼리 뺀 다음 그 차가 0보다 크면 그대로 써주고, 0이면 1이고, 0보다 작으면 분수로 나타내줍니다.

다음 식을 간단히 하시오.

① $a^2 \times b^3 \times a^4 \times b^5$

② $a^6 \div a^4 \times b^8 \div b^5$

A.

정답 $a^6 \times b^8$, $a^2 \times b^3$

풀이 먼저 교환법칙을 이용하여 $a^2 \times a^4 \times b^3 \times b^5$와 같이 밑이 같은 거듭제곱끼리 모아줍니다. 다음 밑이 같은 거듭제곱의 지수끼리 계산하여 줍니다.

$$a^2 \times b^3 \times a^4 \times b^5$$
$$= a^2 \times a^4 \times b^3 \times b^5$$
$$= a^{2+4} \times b^{3+5}$$
$$= a^6 \times b^8$$

$$a^6 \div a^4 \times b^8 \div b^5$$
$$= a^{6-4} \times b^{8-5}$$
$$= a^2 \times b^3$$

[문제 32] - 10교시

두 수의 공약수는 두 수의 최대공약수의 약수와 같습니다.

두 자연수 300과 360를 소인수분해한 후 두 수의 최대공약수와

두 수의 공약수의 개수를 구하시오.

A.

정답 최대공약수 : 60, 300과 360의 공약수의 개수는 12개

풀이 $300=2^2\times3\times5^2$, $360=2^3\times3^2\times5$

300과 360의 최대공약수 : $2^2\times3\times5=60$

60의 약수의 개수 : $(2+1)(1+1)(1+1)=3\times2\times2=12$

따라서 300과 360의 공약수의 개수는 12개입니다.

두 수 이상의 자연수들의 최대공약수와 최소공배수는 각각의 수를 소인수분해한 후 구할 수 있습니다.
두 자연수 36과 56를 소인수분해한 후 두 수의 최대공약수와 최소공배수를 구하시오.

A.

정답 최대공약수 : $2^2=4$, 최소공배수 : $2^3\times3^2\times7=504$

풀이 $36=2^2\times3^2$, $56=2^3\times7$

36과 56의 최대공약수 : $2^2=4$

36과 56의 최소공배수 : $2^3\times3^2\times7=504$

두 수 이상의 자연수의 최대공약수를 구할 때, 소인수분해를 이용한 최대공약수와 최소공배수는 다음과 같은 방법으로 구하면 됩니다.

① 각 자연수를 소인수분해하여 거듭제곱 꼴로 나타낸 후에 각 자연수의 소인수 중에서 공통인 소인수를 고릅니다.

② 최대공약수는 공통인 소인수들 중에서 지수가 작은 소인수의 거듭제곱들을 뽑아내어 곱으로 나타냅니다.

③ 최소공배수는 공통인 소인수들 중에서는 지수가 큰 소인수의 거듭제곱들을 뽑아내어 나머지 소인수들과 곱으로 나타냅니다.

두 자연수 $2^a \times 3^2 \times 5^c$, $2^3 \times 3^b \times 5$의 최대공약수는 $2^2 \times 3 \times 5$이고, 최소공배수가 $2^3 \times 3^2 \times 5^2$일 때, $a+b+c$의 값을 구하시오.

단, a, b, c는 자연수입니다.

정답 $a+b+c=5$

풀이 두 수의 최대공약수가 $2^2\times3\times5$이므로 $a=2$, $b=1$입니다.

두 수의 최소공배수가 $2^3\times3^2\times5^2$이므로 $c=2$입니다.

따라서 $a+b+c=5$입니다.

수윤이와 소연이는 어린이날 그동안 모은 용돈을 가지고 빵 63개, 사과 35개, 양말 92켤레를 사가지고 양로원에 갔습니다. 두 사람은 준비한 것들을 양로원의 모든 어른들에게 골고루 나누어 주었습니다. 그런데 모두 골고루 나누어 주고 빵은 3개, 사과는 5개, 양말은 2켤레가 남았습니다.
두 사람이 찾아간 양로원의 인원은 최대 몇 명인지 구하시오.

A.

정답 30명

풀이 63－3, 35－5, 92－2, 즉 60, 30, 90의 최대공약수는 30입니다.

따라서 양로원의 사람 수는 최대 30명입니다.

그리고 30명에게 준비한 것을 골고루 나누어 줄 경우 빵은 2개씩, 사과는 1개씩, 양말은 3켤레씩 나누어 줄 수 있습니다.

수윤이네 중학교의 일본어 회화반은 일본으로 연수를 가는데 공항까지 관광버스를 타고 가기로 하였습니다. 참가 학생들을 버스 3대에 똑같이 태워도, 4대에 똑같이 때워도 1명이 남았습니다. 일본연수에 참가한 학생수가 90명보다 많고, 100명보다 적다면 정확한 학생 수는 몇 명인지 구하시오.

A.

정답 97명

풀이 일본어 연수에 참가한 학생 수를 x명이라고 하면 $x-1$은 3과 4의 공배수입니다. 3과 4의 최소공배수는 12이고 12의 배수 중에서 90과 100 사이의 수는 96입니다.

따라서 $x-1=96$이 되고, $x=97$입니다.

중급
문제&풀이

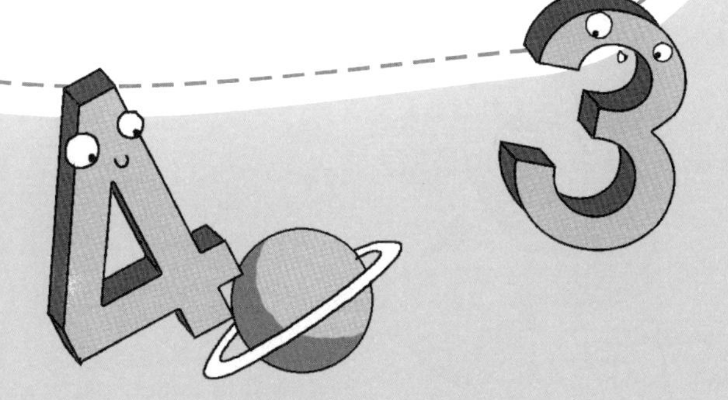

[문제 1] - 1교시

이집트를 여행 중인 수윤이는 가게에서 잠시 쉬었다가 이집트 초등학교 1학년 1반 교실에 갔습니다. 수학 문제를 풀고 있던 한 학생이 수윤이를 보자 수학책을 내밀며 도와달라고 하였습니다. 1학년 수학책에는 다음과 같은 문제가 있었습니다.

|||∩∩𓍢𓍢𓍢+||∩𓍢𓍢=

위 문제의 값을 이집트 숫자로 구하시오.

A.

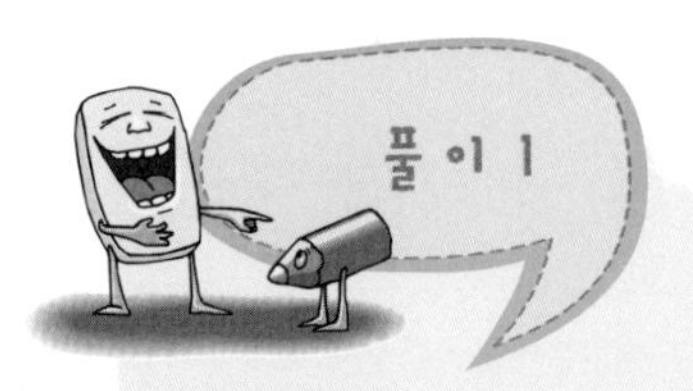

정답 |||||∩∩∩𓍢𓍢𓍢𓍢𓍢

풀이 |||∩∩𓍢𓍢𓍢 : 323

||∩𓍢𓍢 : 212

$323+212=535$

$=$ |||||∩∩∩𓍢𓍢𓍢𓍢𓍢

[문제 2] - 1교시

식사를 마친 수윤이는 가족들에게 줄 선물을 사기 위해 기념품 가게로 갔습니다. 기념품 가게의 가격표는 다음과 같이 쓰여 있었습니다.

촛대 : MDXX　　목걸이 : DCCL　　인형 : CCLX

수윤이는 촛대 한 개, 목걸이 두 개, 인형 세 개를 샀습니다.
수윤이가 사용한 돈은 모두 얼마인지 구하시오.

정답 MMMDCCC

풀이 촛대 한 개 : MDXX=1520

목걸이 한 개 : DCCL=750

인형 한 개 : CCLX=260

$1520+750\times 2+260\times 3=3800$

고고학자인 혁수는 메소포타미아 지역을 여행하던 중 이상한 돌판을 발견하였습니다. 그런데 그 돌판에는 다음과 같은 목록이 적혀 있었습니다.

소 : $(12, 54)_{(60)}$　　양 : $(4, 32)_{(60)}$　　닭 : $(1, 38)_{(60)}$

돌판에 기록된 숫자는 60진법으로 기록된 숫자입니다. 혁수는 이 기록을 자신의 홈페이지에 10진법으로 바꾸어서 올렸습니다.
혁수가 자신의 홈페이지에 올린 돌판의 내용을 10진법으로 나타내시오.

A.

정답 소 : 774, 양 : 272, 닭 : 98

풀이 $(12, 54)_{(60)} = 12 \times 60 + 54$

$= 774$

$(4, 32)_{(60)} = 4 \times 60 + 32$

$= 272$

$(1, 38)_{(60)} = 1 \times 60 + 38$

$= 98$

[문제 4] - 2교시

혁수의 홈피를 방문한 선화는 혁수가 올린 글을 보고 메소포타미아 지역의 물가가 많이 싸다는 것을 알았습니다. 그래서 선화는 혁수에게 26000원을 송금하고는 기념품을 사오라고 부탁하였습니다.

한국과 메소포타미아지역의 돈의 절대 가치가 같다고 한다면 혁수는 60진법을 사용하는 메소포타미아 돈으로 얼마만큼의 기념품을 살 수 있을지 구하시오.

A.

정답 $(7, 13, 20)_{(60)}$원

풀이

$$
\begin{array}{r|rr}
60 & 26000 & \\
\hline
60 & 433 & 20 \\
\hline
60 & 7 & 13 \\
\hline
 & 0 & 7
\end{array}
$$

아래의 대화에서 바르게 말한 사람을 찾아 쓰시오.

수윤 : "자연수에서 연속된 두 수를 곱한 값은 항상 짝수입니다."

수지 : "자연수에서 연속된 두 수를 곱한 값은 항상 홀수입니다."

수민 : "자연수에서 연속된 두 수를 곱한 값은 짝수 또는 홀수입니다."

A.

정답 수윤

풀이 연속된 두 수가 자연수라면 순서에 관계없이 하나는 짝수, 하나는 홀수입니다. 짝수는 2의 배수이므로 어떤 자연수도 2와 곱하면 항상 2의 배수가 됩니다. 따라서 수윤이가 바르게 말했습니다. 연속하는 두 수에서 짝수인 수를 $2n$, 홀수인 수를 $(2n+1)$라 하면 다음과 같습니다.

$$2n(2n+1)=4n^2+2n$$
$$=2(2n^2+n)$$ 단, n은 자연수

위 식에서 $2n^2+n$이 어떤 값을 갖더라도 $2(2n^2+n)$은 2의 배수입니다. 따라서 연속하는 두 수의 곱인 $2n(2n+1)$은 항상 짝수가 됩니다.

수윤이와 지수는 1에서 30까지 적힌 숫자 카드를 가지고 다음과 같은 규칙 안에서 숫자놀이 게임을 하기로 하였습니다.

[규칙 1] 가위바위보를 해서 이긴 사람은 짝수를 그리고 진 사람은 홀수를 갖기로 한다.
[규칙 2] 주사위를 던져 이긴 사람이 아래의 선택사항 중에 하나를 택하여 게임 규칙으로 삼기로 한다.

[선택 1] 자기가 가진 숫자 카드의 합이 큰 사람이 이긴다.
[선택 2] 두 사람이 가진 숫자 카드의 차가 15이상이면 주사위를 던져 이긴 사람이 이기고 짝수이면 주사위를 던져 진 사람이 이긴다.

가위바위보에서는 지수가 이기고 주사위에서는 수윤이가 이겼다면 수윤이는 어떤 선택을 해야 이길 수 있을지 구하시오.

정답 [선택 2]

풀이 1에서 30까지의 홀수가 15개이므로 홀수의 합은 $15 \times 15 = 225$이고, 짝수도 15개이므로 $15 \times 16 = 240$입니다.

따라서 수윤이가 이기기 위해서는 [선택 2]를 택해야 합니다.

[문제 7] - 3교시

절댓값의 성질은 다음과 같습니다.

$|a| \geq 0,$ $|-a| = |a|$

$|a \times b| = |a| \times |b|,$ $\left|\frac{a}{b}\right| = \frac{|a|}{|b|}$ $b \neq 0$

위의 절댓값의 성질을 이용하여 아래의 물음에 답하시오.

집합 A$=\{x|$ 절댓값이 5보다 작은 정수$\}$

집합 B$=\{x|$ 절댓값이 6보다 작은 정수$\}$일 때, B$-$A를 원소나열법으로 나타내시오.

정답 $B-A=\{-5, 5\}$

풀이 $A=\{-4, -3, -2, -1, 0, 1, 2, 3, 4\}$

$B=\{-5, -4, -3, -2, -1, 0, 1, 2, 3, 4, 5\}$

$B-A=\{-5, 5\}$

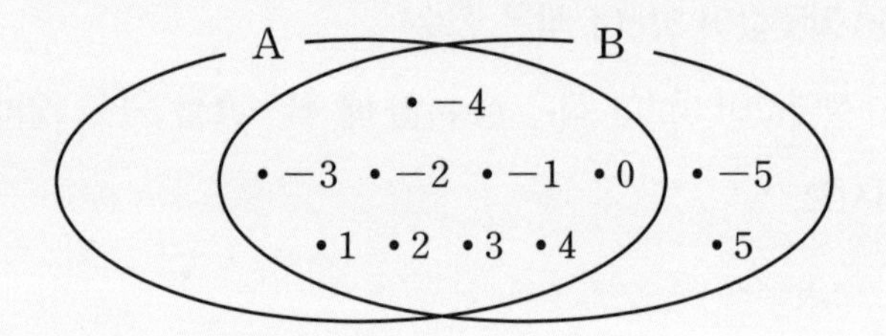

수학 시간에 선생님은 아래의 식을 보여주시고는 수윤이는 A+B의 값을 구하라고 하였고, 수지는 C−D의 값을 구하라고 하였으며, 혁수는 E×F의 값을 그리고 범수는 G÷H의 값을 구하라고 하였습니다.

구한 값이 큰 사람부터 차례로 쓰시오.

5보다 3만큼 큰 수 =A
5보다 3만큼 작은 수 =B
5보다 −3만큼 큰 수 =C
5보다 −3만큼 작은 수 =D
−5보다 3만큼 큰 수 =E
−5보다 3만큼 작은 수 =F
−5보다 −3만큼 큰 수 =G
−5보다 −3만큼 작은 수 =H

정답 혁수, 수윤, 범수, 수지

풀이 $A=5+3=8$

$B=5-3=2$

$C=5+(-3)=2$

$D=5-(-3)=5+3=8$

$E=-5+(+3)=-5+3=-2$

$F=-5-(+3)=-5-3=-8$

$G=-5+(-3)=-5-3=-8$

$H=-5-(-3)=-5+3=-2$

수윤 : $A+B=8+2=10$

수지 : $C-D=2-8=-6$

혁수 : $E\times F=(-2)\times(-8)=16$

범수 : $G\div H=(-8)\div(-2)=4$

[문제 9] - 4교시

아래의 수 중에서 유리수가 아닌 것을 2개 고르시오.

$\frac{0}{3}$, $\frac{1}{3}$, $\frac{3}{0}$, $\frac{3}{1}$, -3, 0, 3, $3.1414\cdots$, 3.14, π

A.

정답 $\frac{3}{0}$, π

풀이 유리수란 분모가 0이 아니고 분자와 분모가 정수로 이루어진 분수꼴로 나타낼 수 있는 모든 수를 말합니다.

$\frac{a}{b}$ $b \neq 0$

$\frac{0}{3}$은 분모가 0이 아니므로 유리수입니다. 즉 $\frac{0}{3}=0$입니다.

$\frac{3}{0}$은 분모가 0이므로 유리수가 아닙니다.

소수 중에서 유한소수는 모두 유리수입니다.

무한소수 중에서 순환소수는 모두 유리수입니다.

따라서 유리수가 아닌 것은 $\frac{3}{0}$과 π입니다.

다음 식을 계산하고, 식의 값이 정수이면 ( )에 (정)를 쓰고 무리수이면 ( )안에 (무)를 써넣으시오.
그리고 A와 B의 대소 관계를 말하시오.

$A=\sqrt{2}-2\sqrt{5}+2\sqrt{3}+3\sqrt{5}-\sqrt{3}+\sqrt{2}$ ( )

$B=3\sqrt{2}-\sqrt{2}+2\sqrt{5}+2\sqrt{3}-3\sqrt{5}-\sqrt{3}-2\sqrt{2}+\sqrt{5}-\sqrt{3}$ ( )

A.

정답 (무), (정), $A>B$

풀이 $A=\sqrt{2}-2\sqrt{5}+2\sqrt{3}+3\sqrt{5}-\sqrt{3}+\sqrt{2}$

$=\sqrt{2}+\sqrt{2}+2\sqrt{3}-\sqrt{3}-2\sqrt{5}+3\sqrt{5}$

$=2\sqrt{2}+\sqrt{3}+\sqrt{5}$ (무리수)

$B=3\sqrt{2}-\sqrt{2}+2\sqrt{5}+2\sqrt{3}-3\sqrt{5}-\sqrt{3}-2\sqrt{2}+\sqrt{5}-\sqrt{3}$

$=3\sqrt{2}-\sqrt{2}-2\sqrt{2}+2\sqrt{5}-3\sqrt{5}+\sqrt{5}+2\sqrt{3}-\sqrt{3}-\sqrt{3}$

$=3\sqrt{2}-3\sqrt{2}+3\sqrt{5}-3\sqrt{5}+2\sqrt{3}-2\sqrt{3}$

$=0$ (정수)

다음 식을 계산하고, 식의 값이 자연수이면 ( )에 (자)을 쓰고 정수이면 ( )에 (정)를, 무리수이면 ( )안에 (무)를 써 넣으시오. 그리고 A와 B와 C의 대소 관계를 말하시오.

$A=\sqrt{2}\times2\sqrt{5}\times2\sqrt{3}\times3\sqrt{5}\times\sqrt{3}\times\sqrt{2}$ ( )

$B=2\sqrt{3}\times2\sqrt{5}\times\sqrt{3}\times4\sqrt{2}\times(-\sqrt{5})\times\sqrt{2}\times\sqrt{3}$ ( )

$C=2\sqrt{2}\times(-2\sqrt{5})\times\sqrt{3}\times(-4\sqrt{2})\times(-\sqrt{5})\times\sqrt{3}$ ( )

A.

정답 (자), (무), (정), $B<C<A$

풀이 $A=\sqrt{2}\times2\sqrt{5}\times2\sqrt{3}\times3\sqrt{5}\times\sqrt{3}\times\sqrt{2}$

$=\sqrt{2}\times\sqrt{2}\times2\sqrt{5}\times3\sqrt{5}\times2\sqrt{3}\times\sqrt{3}$

$=(\sqrt{2})^2\times2\times3\times(\sqrt{5})^2\times2\times(\sqrt{3})^2$

$=2\times2\times3\times5\times2\times3$

$=360$ (자연수)

$B=2\sqrt{3}\times2\sqrt{5}\times\sqrt{3}\times4\sqrt{2}\times(-\sqrt{5})\times\sqrt{2}\times\sqrt{3}$

$=2\sqrt{3}\times\sqrt{3}\times\sqrt{3}\times2\sqrt{5}\times(-\sqrt{5})\times4\sqrt{2}\times\sqrt{2}$

$=2\times(\sqrt{3})^2\times\sqrt{3}\times(-2)\times(\sqrt{5})^2\times4\times(\sqrt{2})^2$

$=2\times3\times(-2)\times5\times4\times2\times\sqrt{3}$

$=-480\sqrt{3}$ (무리수)

$C=2\sqrt{2}\times(-2\sqrt{5})\times\sqrt{3}\times(-4\sqrt{2})\times(-\sqrt{5})\times\sqrt{3}$

$=2\sqrt{2}\times(-4\sqrt{2})\times\sqrt{3}\times\sqrt{3}\times(-2\sqrt{5})\times(-\sqrt{5})$

$=-8\times(\sqrt{2})^2\times(\sqrt{3})^2\times2\times(\sqrt{5})^2$

$=-8\times2\times3\times2\times5$

$=-480$ (정수)

$B<C<A$

무리수인 분모를 유리화하려면 분모의 무리수와 같은 무리수를 분모와 분자에 똑같이 곱해주면 분수의 값은 변함이 없으면서 분모는 유리수가 됩니다.

소연이는 아래와 같은 무리식을 계산하다 어려워서 수윤이에게 물어보았더니 ★$\sqrt{15}$라고 알려주었습니다. 그런데 제곱근 부호 앞에 숫자가 지워져서 답을 쓸 수가 없었습니다.

★자리에 있는 숫자를 구하시오.

$$\frac{2}{\sqrt{3}} \times \frac{2\sqrt{5}}{4} \times \frac{3}{\sqrt{2}} \div \frac{1}{\sqrt{8}} = \bigstar\sqrt{15}$$

정답 2

풀이 $\frac{2}{\sqrt{3}}\times\frac{2\sqrt{5}}{4}\times\frac{3}{\sqrt{2}}\div\frac{1}{\sqrt{8}}$

$=\frac{2\times\sqrt{3}}{\sqrt{3}\times\sqrt{3}}\times\frac{2\sqrt{5}}{4}\times\frac{3\times\sqrt{2}}{\sqrt{2}\times\sqrt{2}}\times\frac{\sqrt{8}}{1}$

$=\frac{2\sqrt{3}}{3}\times\frac{2\sqrt{5}}{4}\times\frac{3\sqrt{2}}{2}\times\frac{\sqrt{4}\times\sqrt{2}}{1}$

$=\frac{\cancel{2}\sqrt{3}}{\cancel{3}}\times\frac{\cancel{2}\sqrt{5}}{\cancel{4}}\times\frac{\cancel{3}\sqrt{2}}{\cancel{2}}\times\frac{\cancel{2}\sqrt{2}}{1}$

$=\sqrt{3}\times\sqrt{5}\times\sqrt{2}\times\sqrt{2}$

$=\sqrt{15}\times\sqrt{4}$

$=\sqrt{15}\times2$

$=2\sqrt{15}$

$\therefore$ ★$=2$

자연수의 집합을 $\mathbb{N}$, 정수의 집합을 $\mathbb{Z}$, 유리수의 집합을 $\mathbb{Q}$, 무리수의 집합을 $\mathbb{I}$, 실수의 집합을 $\mathbb{R}$, 복소수의 집합을 $\mathbb{C}$라 할 때, $\mathbb{N}$, $\mathbb{Z}$, $\mathbb{Q}$, $\mathbb{I}$, $\mathbb{R}$, $\mathbb{C}$ 사이의 포함 관계를 바르게 나타낸 것을 고르시오.

① $\mathbb{N}\subset\mathbb{Z}\subset\mathbb{I}\subset\mathbb{R}\subset\mathbb{C}$

② $\mathbb{Z}\subset\mathbb{Q}\subset\mathbb{I}\subset\mathbb{R}\subset\mathbb{C}$

③ $\mathbb{N}\subset\mathbb{Z}\subset\mathbb{Q}\subset\mathbb{R}\subset\mathbb{C}$

④ $\mathbb{N}\subset\mathbb{I}\subset\mathbb{Q}\subset\mathbb{R}\subset\mathbb{C}$

⑤ $\mathbb{Z}\subset\mathbb{I}\subset\mathbb{Q}\subset\mathbb{R}\subset\mathbb{C}$

A.

정답 ③

풀이 벤 다이어그램 참조

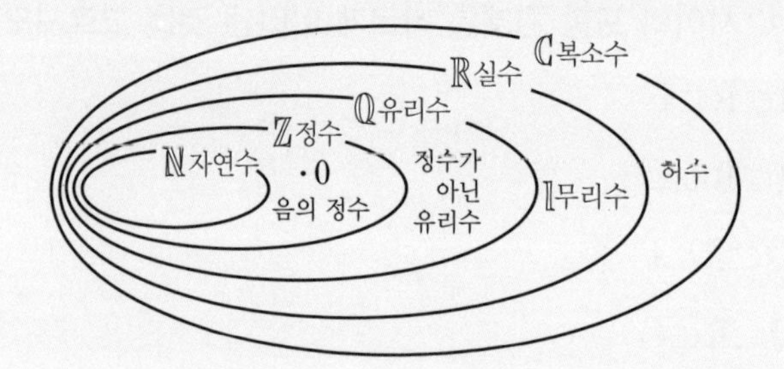

어떤 수가 사칙연산 중에 어느 것에 대하여 닫혀 있는지는 어떤 수 전체의 집합인지 아니면 어떤 수의 부분집합인지에 따라 다릅니다.

다음 집합은 덧셈, 뺄셈, 곱셈, 나눗셈 중 어느 연산에 대하여 닫혀 있는지 알아보시오. 단 0으로 나누는 것은 생각하지 않습니다.

$$C=\{-1, 0, 1\}$$

정답 곱셈, 나눗셈

풀이 $-1\in C,\ 0\in C,\ 1\in C$이고

i) 덧셈 : $(-1)+(-1)=-2\notin C,\ 1+1=2\notin C$

ii) 뺄셈 : $(-1)-(+1)=-2\notin C$

iii) 곱셈 : $(-1)\times(-1)=1\in C,$

$(-1)\times 0=0\in C,$

$(-1)\times 1=-1\in C$

$0\times(-1)=0\in C,\ 0\times 0=0\in C,\ 0\times 1=0\in C,$

$1\times(-1)=-1\in C,\ 1\times 0=0\in C,\ 1\times 1=1\in C$

iv) 나눗셈 : $(-1)\div(-1)=1\in C,\ (-1)\div 1=-1\in C,$

$0\div(-1)=0\in C,\ 0\div 1=0\in C,$

$1\div(-1)=-1\in C,\ 1\div 1=1\in C$

따라서 곱셈과 나눗셈에 대해서만 닫혀 있습니다.

복소수의 상등相等에 관한 정리에서 a, b, c가 실수일 때,

$a+bi=c+di \Leftrightarrow a=c,\ b=d$입니다.

아래의 식에서 실수 $x+y$값을 구하시오.

$$(x+3i)(3-5i)=6(yi+1)$$

A.

정답 1

풀이 좌변을 분배법칙을 이용하여 정리하면 아래와 같이 정리됩니다.

$(x+3i)(3-5i)=3x-5xi+9i-15i^2=3x+15+(9-5x)i$

우변을 분배법칙을 이용하여 정리하면 아래와 같이 정리됩니다.

$6(yi+1)=6yi+6=6+6yi$

따라서 주어진 문제는 아래와 같이 정리됩니다.

$3x+15+(9-5x)i=6+6yi$

복소수의 상등에 의해

$3x+15=6$

$9-5x=6y$

$\Rightarrow \begin{cases} 3x=-9 \\ 9-5x=6y \end{cases}$

$\Rightarrow \begin{cases} x=-3 \\ 9-5(-3)=6y \end{cases}$

$\Rightarrow x=-3,\ y=4$입니다.

따라서 $x+y=(-3)+4=1$입니다.

자연수의 집합 $\mathbb{N}$에 대하여 다음 물음에 답하시오.

① 덧셈에 대한 항등원과 5의 역원을 구하시오.

② 곱셈에 대한 항등원과 5의 역원을 구하시오.

A.

정답 ① 덧셈에 대한 항등원과 역원은 없다.

② 곱셈에 대한 항등원은 1이고

곱셈에 대한 5의 역원은 없다.

풀이 **덧셈에 대한 항등원과 역원**

임의의 원소 $a \in \mathbb{N}$에 대하여 $a+e=a$일 때, 양변에 $-a$를 더하면 $a-a+e=a-a$입니다. 따라서 $e=0$이지만 0은 자연수가 아니므로 덧셈에 대한 항등원은 없습니다. 또한 항등원이 없는 역원은 구할 수 없음으로 자연수에서의 역원은 없습니다.

곱셈에 대한 항등원과 역원

임의의 원소 $a \in \mathbb{N}$에 대하여 $a \times e=a$일 때, 양변에 $\frac{1}{a}$을 곱하면 $a \times \frac{1}{a} \times e = a \times \frac{1}{a}$입니다. 따라서 $e=1$이므로 자연수에서의 곱셈에 대한 항등원은 1입니다.

임의의 원소 $a \in \mathbb{N}$에 대하여 $5 \times x=1$일 때, $5 \times \frac{1}{5} \times x = 1 \times \frac{1}{5}$입니다. 따라서 $x=\frac{1}{5}$이지만 $\frac{1}{5}$은 자연수가 아니므로 곱셈에 대한 5의 역원은 없습니다.

자연수에서 소수들은 약수를 2개 가지고 있습니다. 약수를 3개 이상 가진 자연수는 합성수입니다.

100 이하의 합성수들 중에서 약수를 3개만 가진 수는 모두 몇 개가 있는지 구하시오.

A.

정답 4개

풀이 약수를 3개 가진 합성수는 소수의 제곱수들입니다.

$2^2=4$, 4의 약수 : 1, 2, 4

$3^2=9$, 9의 약수 : 1, 3, 9

$5^2=25$, 25의 약수 : 1, 5, 25

$7^2=49$, 49의 약수 : 1, 7, 49

$11^2=121$, 121의 약수 : 1, 11, 121

121은 100이하의 수가 아니므로 100 이하의 합성수들 중에 약수를 3개만 가진 수는 4, 9, 25, 49로 총 4개입니다.

다음 합성수의 집합 A, B의 원소들 사이에 공통점을 3개 이상 찾아 쓰시오.

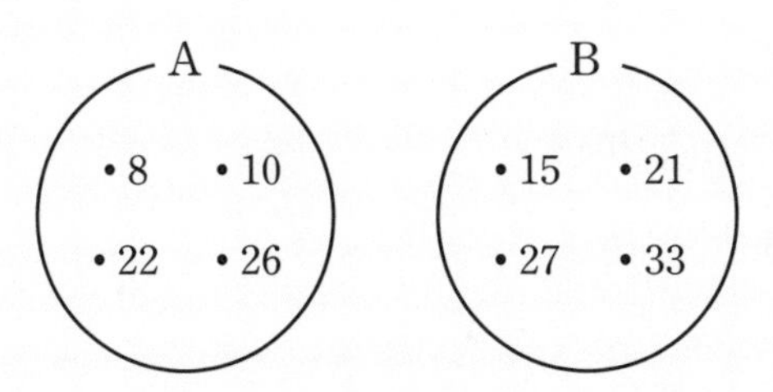

A.

정답 8, 10, 22, 26

① 합성수이다.

② 짝수이다.

③ 약수가 4개이다.

④ 곱 완전수이다.

15, 21, 27, 33

① 합성수이다.

② 홀수이다.

③ 약수가 4개이다.

④ 곱 완전수이다.

⑤ 3의 배수이다.

자연수 a, b, c에 대하여 $a=b\times c$일 때, b, c를 a의 인수라고 합니다.

다음 다항식의 인수는 몇 개인지 구하시오. 단, 상수항만의 인수는 생각하지 않습니다.

$$x(x+1)(x+2)$$

정답 7개

풀이 $x(x+1)(x+2)$ 인수는 아래와 같습니다.

$x,\ x+1,\ x+2,\ x(x+1)$

$x(x+2),\ (x+1)(x+2),\ x(x+1)(x+2)$

수윤이와 소연이는 어린이날에 평소에 모은 용돈으로 천사의 집에 있는 아이들에게 선물을 주기로 하고 여러 종류의 선물을 샀습니다. 두 사람은 큰 상자에 선물을 빈틈없이 담기 위해 작은 선물 상자를 만들기로 하였습니다.

선물 상자는 되도록 여러 종류의 상자를 만들되 한 변의 길이가 10cm이상 되는 정육면체 모양의 상자를 만들기로 하였습니다.

수윤이가 가지고 있는 큰 상자의 규격은 안의 치수를 기준으로 가로, 세로, 높이가 각각 108cm, 72cm, 36cm이고 소연이가 가지고 있는 큰 상자의 규격은 안치수를 기준으로 가로, 세로, 높이가 각각 144cm, 96cm, 48cm였습니다.

위의 조건으로 선물상자를 만들 때, 두 사람이 같은 크기의 선물상자를 만든다면 한 변이 최대 몇 cm로 이루어져 있는 상자를 만들 수 있을지 구하시오.

정답 각 변의 길이가 12cm인 한 종류

풀이 수윤이의 가로, 세로, 높이의 공약수는 1, 2, 3, 4, 6, 9, 12, 18, 36입니다. 따라서 수윤이는 한변의 길이가 12cm, 18cm, 36cm인 정육면체의 선물 상자를 만들 수 있습니다. 소연이의 가로, 세로, 높이의 공약수는 1, 2, 3, 4, 6, 8, 12, 16, 24, 48입니다. 따라서 소연이는 한변의 길이가 12cm, 16cm, 24cm, 48cm인 정육면체의 선물 상자를 만들 수 있습니다.

따라서 두 사람 선물 상자에는 한 변의 길이가 12cm인 정육면체 선물 상자만이 공통으로 들어갈 수 있습니다.

수윤이와 혁수는 설날 친척집을 다니면서 세배를 하였습니다. 두 사람은 세뱃돈을 엄마에게 맡기고 친척들과 떡국도 먹으면서 즐겁게 하루를 보냈습니다. 집에 돌아온 두 사람은 엄마한테 자신들이 맡겨 놓은 세뱃돈을 달라고 하였습니다. 그런데 엄마는 두 사람의 세뱃돈을 같이 섞어 놓아 누가 얼마를 받은지 알 수가 없었습니다. 난감해진 엄마는 다음과 같이 말했습니다.

"내 기억엔 수윤이의 세뱃돈이 혁수 것보다 많았지만 20만원을 넘지는 않았다. 또 두 사람의 세뱃돈을 곱했더니 216만원이었다. 그리고 두 사람의 세뱃돈의 최소공배수가 36만원이었다."

두 사람이 받은 세뱃돈은 각각 얼마인지 구하시오.

정답 수윤 : 18만원, 혁수 : 12만원

풀이 두 자연수 A, B의 최대공약수가 G, 최소공배수가 L일 때, 다음과 같습니다.

$A=a\times G$, $B=b\times G$

$L=a\times b\times G$ 단, a, b는 서로소

$A\times B=a\times G\times b\times G=a\times b\times G\times G=L\times G$

수윤을 A, 혁수를 B라고 하면, $A>B$

$A\times B=216$, 최소공배수 L는 36입니다.

$A\times B=L\times G$이므로

$216=36\times G$, $G=6$입니다.

또 $L=a\times b\times G$ 단, a, b는 서로소이므로

$36=a\times b\times 6$, $ab=6$입니다.

a, b는 서로소이므로 $a=6$, $b=1$ 또는 $a=3$, $b=2$입니다. $A>B$

$A=a\times G$, $B=b\times G$에서 $a=6$일 경우 $A=6\times 6=36$이 되어 엄마의 기억과 모순이 됩니다.

따라서 $A=3\times 6=18$, $B=2\times 6=12$입니다.

약수 찾기가 쉽지 않은 두 수의 최대공약수를 구하는 방법으로 유클리드 호제법이 사용됩니다. 유클리드 호제법이란 $A=B\times Q+R$ Q는 몫, R은 나머지의 관계가 성립할 때, A와 B의 최대공약수는 B와 R의 최대공약수와 같음을 이용하여 나머지가 0이 나올 때까지 반복해서 나누어주면 마지막 제수가 두 수의 최대공약수가 된다는 것을 이용하는 방법입니다.

유클리드 호제법을 이용하여 91과 143 두 수의 최대공약수를 구하시오.

A.

정답 13

풀이 유클리드 호제법을 이용하여 구한 최대공약수는 다음과 같습니다.

$91-(52\times1)=39$	:1	91	143	1:	$143-(91\times1)=52$
		52	91		
$39-(13\times3)=0$	:3	39	52	1:	$52-(39\times1)=13$
		39	39		
		0	(13)		

따라서 두 수의 최대공약수는 13입니다.

다음 다항식 A, B, C의 최대공약수와 최소공배수를 구하시오.

$$A=60ab^2x^3y^4$$
$$B=12a^2b^2x^3y^3$$
$$C=20a^2bx^2y^3$$

A.

정답 최대공약수 : $4abx^2y^3$, 최소공배수 : $60a^2b^2x^3y^4$

풀이 $4abx^2y^3$) $60ab^2x^3y^4$ $12a^2b^2x^3y^3$ $20a^2bx^2y^3$

$15bxy$ $3abx$ $5a$

최대공약수 : $4abx^2y^3$

$$\begin{array}{r|rrr} 4abx^2y^3 & 60ab^2x^3y^4 & 12a^2b^2x^3y^3 & 20a^2bx^2y^3 \\ \hline 3bx & 15bxy & 3abx & 5a \\ \hline 5 & 5y & a & 5a \\ \hline a & y & a & a \\ \hline & y & 1 & 1 \end{array}$$

최소공배수 : $4abx^2y^3 \times 3bx \times 5 \times a \times y \times 1 \times 1$

$= 60a^2b^2x^3y^4$

소수의 제곱수는 3개의 약수를 가집니다.

다음 중 약수의 개수가 3개가 아닌 수를 찾으시오.

① 9 ② 25 ③ 49 ④ 81 ⑤ 121

A.

정답 ④

풀이 $9=3^2$, $25=5^2$, $49=7^2$, $81=9^2$, $121=11^2$

따라서 $81=9^2$은 소수의 제곱이 아니므로 81은 약수를 1, 3, 9, 27, 81 총 5개를 가진 수입니다.

아래의 네 사람이 수학 시간에 소수에 관한 설명을 하고 있습니다. 소수에 관한 설명을 바르게 말한 사람을 모두 고르시오.

① 소진 : "소수란 1과 자신만을 약수로 가진 자연수입니다."
② 소영 : "소수란 홀수 중에서 약수를 2개 가진 수입니다."
③ 소희 : "소수란 최대공약수가 1인 두 수를 말합니다."
④ 소윤 : "7의 배수 중에는 소수가 한 개뿐입니다."
⑤ 소연 : "모든 소수의 약수는 2개입니다."

정답 소윤, 소연

풀이 소진 : 소수란 1보다 큰 자연수 중에서 1과 자신만을 약수로 가진 자연수입니다.

소영 : 소수란 자연수 중에서 약수를 2개 가진 수입니다.

소희 : 서로소란 최대공약수가 1인 두 수를 말합니다.

33, 42, 105 세 수의 소인수 중에서 가장 큰 소인수를 a, 가장 작은 소인수를 b, 세 수에 모두 들어 있는 소인수를 c라고 할 때, $a+b+c$의 값을 구하시오.

A.

정답 16

풀이 $33=3\times 11$

$42=2\times 3\times 7$

$105=3\times 5\times 7$

$a=11, b=2, c=3$

$a+b+c=16$

거듭제곱이란 같은 수나 문자를 거듭반복하여 곱한 것을 말합니다.

아래의 식 중에서 바르게 나타낸 것을 모두 고르시오.

① $a+a+a+a+a=a^5$

② $a+a+a+a+a=5^a$

③ $a+a+a+a+a=5a$

④ $a\times a\times a\times a\times a=a^5$

⑤ $a\times a\times a\times a\times a=5a$

⑥ $a\times a\times a\times a\times a=5^a$

A.

정답 ③, ④

풀이 거듭제곱이란 같은 수나 문자를 거듭반복하여 곱한 것을 말합니다.

예를 들면 다음과 같습니다.

$a \times a \times a \times a = a^4$

$16 = 2 \times 2 \times 2 \times 2 = 2^4$

[문제 28] - 9교시

소인수란 인수약수들 중에서 소수인 인수약수를 말합니다.

자연수 120은 다음과 같이 나타낼 수 있습니다.

$$120 = 2^3 \times 3 \times 5$$

아래의 식 중에서 120의 소인수 전체 집합을 찾으시오.

① $\{1, 2, 3, 5\}$
② $\{2^3, 3, 5\}$
③ $\{2, 2^3, 3, 5\}$
④ $\{2, 2^2, 2^3, 3, 5\}$
⑤ $\{2, 3, 5\}$

A.

정답 ⑤

풀이 소인수란 인수약수들 중에서 소수인 인수약수를 말합니다.

120을 소수인 인수들의 곱으로 나타내면 다음과 같습니다.

$$120=2\times2\times2\times3\times5$$

따라서 120의 소인수는 2, 3, 5입니다.

[문제 29] - 9교시

자연수 $\mathbb{N}$이 $\mathbb{N}=a^m \times b^n$ a, b는 서로 다른 소수으로 소인수분해될 때, $\mathbb{N}$의 약수의 개수는 $(m+1)(n+1)$입니다.

360을 소인수분해하고, 360의 약수의 개수를 구하시오.

A.

정답 $360=2^3\times3^2\times5$, 360의 약수의 개수 : 24개

풀이 360을 소인수분해하면 다음과 같습니다.

$$\begin{array}{r|r} 2 & 360 \\ \hline 2 & 180 \\ \hline 2 & 90 \\ \hline 3 & 45 \\ \hline 3 & 15 \\ \hline & 5 \end{array}$$

따라서 $360=2^3\times3^2\times5$이므로

360의 약수의 개수는 아래와 같습니다.

$(3+1)\times(2+1)\times(1+1)$

$=4\times3\times2$

$=24$

따라서 360의 약수의 개수는 24개입니다.

자연수의 약수 및 약수의 개수는 소인수분해를 한 다음 표를 응용하여 구할 수 있습니다. 6교시 약수와 인수 참조

즉 자연수 ℕ이 아래와 같이 소인수분해 될 경우 ℕ의 약수들은 다음과 같습니다.

$\mathbb{N}=ab^2c$일 경우

×	1	a	c	ac
1	1	a	c	ac
b	b	ab	bc	abc
b^2	b^2	ab^2	b^2c	ab^2c

90을 소인수분해하고 약수의 개수와 모든 약수를 구하시오.

A.

정답 90의 소인수분해 : $90=2\times 3^2\times 5$

90의 약수의 개수 : $(1+1)(2+1)(1+1)=12$, 12개

90의 약수 : 1, 2, 3, 5, 6, 9, 10, 15, 18, 30, 45, 90

×	1	2	5	$2\times 5=10$
1	1	2	5	10
3	3	6	15	30
$3^2=9$	9	18	45	90

지수의 법칙에서 밑이 같은 거듭제곱끼리의 곱셈은 지수끼리 더하고, 나눗셈은 지수끼리 뺀 다음 그 차가 0보다 크면 그대로 써 주고, 0이면 1이고, 0보다 작으면 분수로 나타내 줍니다.

다음 식을 간단히 하시오.

① $2^2 \times 8 \times a^3 \times b^6 \times a^4 \times b^5$

② $2^3 \div 4 \times a^7 \times a^3 \times b^2 \div b^5$

A.

정답 ① $32a^7b^{11}$, ② $\frac{2a^{10}}{b^3}$

풀이 먼저 교환법칙을 이용하여 밑이 같은 거듭제곱끼리 모아줍니다.

그런 다음 밑이 같은 거듭제곱의 지수끼리 계산하여 줍니다.

$$\begin{aligned}&2^2\times8\times a^3\times b^6\times a^4\times b^5\\&=2^2\times2^3\times a^3\times a^4\times b^6\times b^5\\&=2^{2+3}\times a^{3+4}\times b^{6+5}\\&=2^5\times a^7\times b^{11}\\&=32a^7b^{11}\end{aligned}$$

$$\begin{aligned}&2^3\div4\times a^7\times a^3\times b^2\div b^5\\&=2^3\div2^2\times a^7\times a^3\times b^2\div b^5\\&=2^{3-2}\times a^{7+3}\times b^{2-5}\\&=2^1\times a^{10}\times b^{-3}\\&=2\times a^{10}\times\frac{1}{b^3}\\&=\frac{2a^{10}}{b^3}\end{aligned}$$

두 자연수 $2^a \times 3^b \times 5$와 $2^2 \times 3 \times 7^c$의 최대공약수가 12이고, 최소공배수가 2520일 때, $a+b+c$의 값을 구하시오. 단, a, b, c는 자연수

A.

정답 6

풀이 최대공약수는 $12=2^2\times3$이고 최소공배수는

$2520=2^3\times3^2\times5\times7$이므로 $a=3,\ b=2,\ c=1$입니다.

따라서 $a+b+c=6$입니다.

소연이는 시골 할머니 댁에 갔다가 소 우리를 보았습니다. 소연이가 본 소 우리는 가로가 360cm, 세로가 320cm였는데 소 우리는 둘레가 모두 말뚝으로 울타리가 만들어져 있었습니다. 소연이는 말뚝이 몇 개나 되는지 알고 싶어 할머니께 여쭤보았더니 할머니는 정답 대신 다음과 같이 말씀하셨습니다.

"울타리의 말뚝의 간격은 모두 일정하단다.
그리고 말뚝은 최대한 적게 사용했단다."

소 우리에 사용된 말뚝은 모두 몇 개인지 구하시오. 단 말뚝의 두께는 생각하지 않습니다.

A.

정답 34개

풀이 360과 320의 최대공약수는 40입니다.

따라서 공통된 모퉁이꼭지점의 말뚝을 제외하면 $(9+8)\times2=34$

이므로 총 말뚝의 수는 34개입니다.

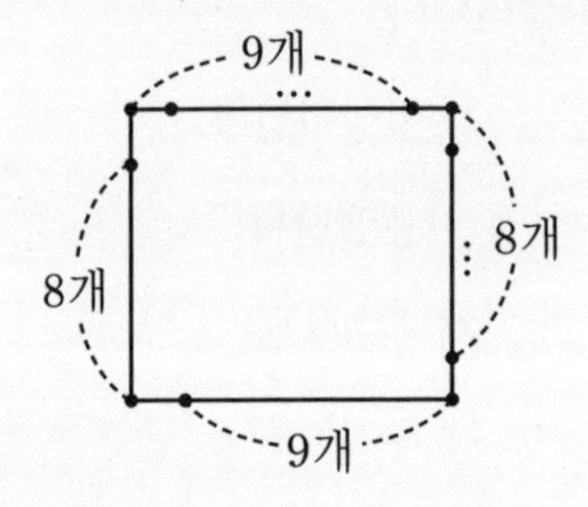

수윤이와 소연이는 수영장을 가는데 수윤인는 4일 가고 하루 쉬는 반에, 소연이는 3일 가고 하루 쉬는 반에 등록을 하였습니다.
두 사람은 같이 쉬는 날에는 영화를 보기로 하였습니다.
두 사람은 한 달 동안에 영화를 몇 번이나 같이 볼 수 있을지 구하시오. 단, 등록은 매달 1일에 한다.

A.

정답 하루

풀이 수윤이는 $(4+1)$일마다, 소연이는 $(3+1)$일마다 하루를 쉬므로 두 사람이 같이 쉬는 날은 5와 4의 공배수일입니다.

5와 4의 최소공배수는 20이므로 두 사람은 한 달 동안 한 번만 영화를 같이 볼 수 있습니다.

소연이는 엄마를 따라서 마트에 갔다가 자전거를 보았습니다. 자전거를 배우고 싶은 소연이는 엄마에게 자전거를 사달라고 부탁했습니다. 엄마는 흔쾌히 사주셨고, 소연이는 자전거를 가지고 집으로 왔습니다. 소연이는 집에서 자전거의 체인이 감겨있는 앞·뒤 톱니바퀴 수가 다르다는 것을 알게 되었습니다. 앞쪽 톱니수가 32개, 뒤쪽 톱니수가 20개였다면 처음 맞물린 두 톱니바퀴는 몇 바퀴를 돌아야 다시 맞물릴 수 있을지 구하시오.

A.

정답 앞쪽 톱니바퀴 : 5바퀴, 뒤쪽 톱니바퀴 : 8바퀴

풀이 앞쪽 톱니 수 32와 뒤쪽 톱니 수 20의 최소공배수는 160입니다. 따라서 앞쪽 톱니바퀴는 160÷32=5이므로 5바퀴를 돌고, 뒤쪽 톱니바퀴는 160÷20=8이므로 8바퀴를 돌아야 처음 맞물린 톱니가 다시 함께 맞물리게 됩니다.

소연이네 집앞 교차로에는 신호등이 세 개가 있습니다. 앞쪽의 신호등은 15초 동안 켜져 있다가 12초 동안 꺼지고, 왼쪽의 신호등은 8초 동안 켜져 있다가 10초 동안 꺼집니다. 그리고 오른쪽에 있는 신호등은 10초 동안 켜져 있다가 8초 동안 꺼져 있습니다.

세 개의 신호등이 동시에 켜진 후 다시 처음으로 동시에 켜지기까지 몇 초가 걸리는 지 구하시오.

A.

정답 54초

풀이 $(15+12)$, $(8+10)$, $(10+8)$의 최소공배수는 54입니다.

따라서 세 신호등이 같이 다시 켜지는 시간은 54초 후입니다.

고급
문제&풀이

[문제 1] - 1교시

로마의 오래된 건물에는 건물이 세워진 연도를 기록한 머릿돌이 있습니다. 소연이는 로마 시내를 지나가다 웅장한 건물을 발견하고 그 건물이 언제 세워졌는지 알고 싶어 머릿돌을 보았습니다. 소연이가 본 머릿돌에는 다음과 같이 쓰여 있었습니다.

MDCIV
XXIX April

소연이가 본 건물은 언제 세워졌는지 구하시오.

정답 1604년 4월 29일

풀이 M=1000

DC=600

IV=4

MDCIV=1604

XX=20

IX=9

April=4월

[문제 2] - 1교시

아래의 그리스 문자를 로마 숫자로 바꾸어 나타내시오.

$$\rho\nu\delta - \nu\beta = \rho\beta$$

A.

정답 CLIV−LII=CII

풀이 154−52=102

$\rho\nu\delta=154$

$\nu\beta=52$

$\rho\beta=102$

[문제 3] - 2교시

고고학자인 혁수는 이집트 박물관에서 이상한 편지를 발견하였습니다. 그 편지는 메소포타미아지역에 사는 상인이 이집트에 사는 상인에게 보낸 편지였습니다. 편지의 내용은 아래와 같습니다.

> 귀하가 요구한 물품을 다 준비해서 보냅니다.
> 물품값을 적어 보내니 물품값은 내가 보낸 우리 하인에게 주십시오.
>
> 낙타 : 10마리. 소 : 5마리. 양 : 20마리.
> 낙타 한 마리의 값 : $(23, 18)_{(60)}$원
> 소 한 마리의 값 : $(12, 54)_{(60)}$원
> 양 한 마리의 값 : $(4, 32)_{(60)}$원

10진법을 사용하는 이집트 상인이 60진법으로 기록된 물품값을 10진법으로 바꾸어서 이집트 돈으로 계산할 때, 위의 물품값으로 얼마를 주어야 하는지 구하시오.

정답 23290원

풀이 낙타 10마리 값

$(23, 18)_{(60)}=23\times60+18$

$=1398$

$1398\times10=13980$원

소 5마리 값

$(12, 54)_{(60)}=12\times60+54$

$=774$

$774\times5=3870$원

양 20마리 값

$(4, 32)_{(60)}=4\times60+32$

$=272$

$272\times20=5440$원

전체 물품값 : 23290

[문제 4] - 2교시

혁수가 본 편지에는 이집트 상인이 메소포타미아 상인에게 보낸 답장의 글도 있었습니다. 답장 편지의 내용은 다음과 같이 쓰여 있었습니다.

> 귀하께서 보낸 낙타와 소 그리고 양은 잘 받았습니다. 그런데 보내주신 낙타 중에서 한 마리가 잘 먹지 않고 시름시름 앓고 있습니다. 그래서 낙타 한 마리 값은 정상적인 가격에 드릴 수 없고 반값만 쳐서 내역서와 함께 드리니 이해해주시기 바랍니다.
>
> 〈내역서〉
> 건강한 낙타 9마리 값 : $1398\times9=12582$
> 병든 낙타 1마리 값 : $1398\times\frac{1}{2}=699$
> 소 5마리 값 : $774\times5=3870$
> 양 20마리 값 : $272\times20=5440$
> 계 : 22591원

위 내역서의 이집트 돈을 메소포타미아에서 환전하면 메소포타미아 돈으로 얼마인지 구하시오.

정답 $(6, 16, 31)_{(60)}$원

풀이

$$
\begin{array}{r|rl}
60 & 22591 & \\ \hline
60 & 376 & \cdots\ 31 \\ \hline
60 & 6 & \cdots\ 16 \\ \hline
 & 0 & \cdots\ \ 6
\end{array}
$$

$22591=(6, 16, 31)_{(60)}$

[문제 5] - 3교시

자연수에서 연속하는 두 수를 곱하면 그 수는 짝수가 됩니다. 이 것을 아래의 주어진 문제를 통해 증명하시오.

n이 자연수일 때, n^2+n이 짝수임을 증명하시오.

A.

정답 $n^2+n=n(n+1)$

위 식에서 n이 자연수이므로 n과 $(n+1)$은 연속하는 두 자연수입니다. 따라서 n이 짝수이면 $(n+1)$은 홀수이고, n이 홀수이면 $(n+1)$은 짝수입니다. 어떤 자연수도 짝수와 곱하면 그 값은 짝수가 되므로 $n\times(n+1)$은 짝수가 됩니다. 따라서 연속하는 두 수의 곱인 n^2+n은 항상 짝수가 됩니다.

[문제 6] - 3교시

고고학에 관심이 많은 수윤이는 지중해의 크레타섬에 있는 어느 동굴을 탐험하고 있었습니다. 이 동굴에는 고대 이집트와 그리스사이에서 중계 무역을 하면서 부를 축적한 크레타인들이 숨겨 놓은 값진 고대 유물이 숨겨진 동굴입니다. 고대 유물을 찾던 수윤이는 동굴 깊숙한 곳에서 지도 한 장을 발견했는데 그 지도에는 다음과 같이 기록되어 있습니다.

1단계 문 : 1에서 10까지의 자연수 중에서 짝수의 합이 6의 배수이면 오른쪽 문으로 아니면 왼쪽 문으로 들어가시오.
2단계 문 : 10에서 19까지의 자연수 중에서 홀수의 합이 7의 배수이면 오른 쪽문으로 아니면 왼쪽 문으로 들어가시오.
3단계 문 : 30에서 40까지의 자연수 중에서 짝수의 합이 6의 배수이면 오른 쪽문으로 아니면 왼쪽 문으로 들어가시오.
4단계 문 : 45에서 55까지의 자연수 중에서 홀수의 합이 7의 배수이면 오른쪽 문으로 아니면 왼쪽 문으로 들어가시오.

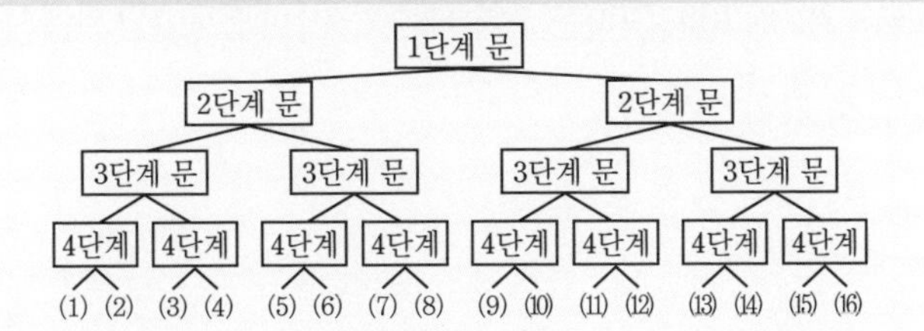

유물이 숨겨진 곳은 몇 번인지 구하시오.

정답 11번

풀이 1~10까지의 짝수가 5개이므로 짝수의 합은 $5 \times 6 = 30$입니다.

따라서 30은 6의 배수이므로 1단계에서는 오른쪽 문으로 가야 됩니다.

10~19까지의 홀수가 $10-5$개이므로 홀수의 합은 $10^2-5^2=75$, 75은 7의 배수가 아니므로 2단계에서는 왼쪽 문으로 가야 됩니다.

30~40까지의 짝수가 $20-14$개이므로 짝수의 합은 $20 \times 21 - 14 \times 15 = 210$, 210은 6의 배수이므로 3단계에서는 오른쪽 문으로 가야 됩니다.

45~55까지의 홀수가 $28-22$개이므로 홀수의 합은 $28^2-22^2=300$, 300은 7의 배수가 아니므로 4단계에서는 왼쪽 문으로 가야 됩니다.

[문제 7] - 3교시

다음 조건을 만족하는 $C \times D$의 값을 구하시오.

> A의 절댓값은 5입니다.
> B의 절댓값은 7입니다.
> $A+B$의 값 중 가장 작은 값은 C입니다.
> $A-B$의 값 중 가장 작은 값은 D입니다.

A.

정답 144

풀이 $A=-5$ 또는 $+5$

$B=-7$ 또는 $+7$

$A+B=(-5)+(-7)=-12$ 또는

$(-5)+(+7)=+2$ 또는

$(+5)+(-7)=-2$ 또는

$(+5)+(+7)=+12$

따라서 $C=-12$입니다.

$A-B=(-5)-(-7)=+2$ 또는

$(-5)-(+7)=-12$ 또는

$(+5)-(-7)=+12$ 또는

$(+5)-(+7)=-2$

따라서 $D=-12$ 입니다.

$\therefore C\times D=(-12)\times(-12)=144$

[문제 8] - 3교시

수학 시간에 선생님은 아래의 식을 보여주시고는 수윤이는 A+B의 값을 구하라고 하였고, 수지는 C−D의 값을 구하라고 하였으며, 혁수는 D×E의 값을 그리고 범수는 A÷D의 값을 구하라고 하였습니다.

네 사람 중 누구의 값이 가장 작은지 구하시오.

$12+2-18+4-15-6-27=\mathrm{A}$

$(+13)+(+5)-(+7)+(-9)-(+4)-(-6)=\mathrm{B}$

$(-4)\times(+3)\times(-2)\times(+4)\times(-3)=\mathrm{C}$

$(+60)\div(+5)\div(+3)\div(-2)=\mathrm{D}$

$(+12)\times(+10)\div(+8)\div(-5)\times(+3)=\mathrm{E}$

정답 수지

풀이 $A=12+2-18+4-15-6-27$

$=12+2+4-18-15-6-27$

$=-48$

$B=(+13)+(+5)-(+7)+(-9)-(+4)-(-6)$

$=13+5+6-7-9-4$

$=4$

$C=(-4)\times(+3)\times(-2)\times(+4)\times(-3)$

$=3\times4\times(-4)\times(-2)\times(-3)$

$=12\times(-24)$

$=-288$

$D=(+60)\div(+5)\div(+3)\div(-2)$

$=12\div(+3)\div(-2)$

$=4\div(-2)$

$=-2$

$E=(+12)\times(+10)\div(+8)\div(-5)\times(+3)$

$=120\div(+8)\div(-5)\times(+3)$

$=15\div(-5)\times(+3)$

$=(-3)\times(3)$

$=-9$

수윤 : $A+B=-48+4$

$=-44$

혁수 : $D\times E=(-2)\times(-9)$

$=18$

수지 : $C-D=(-288)-(-2)$

$=(-288)+2$

$=-286$

범수 : $A\div D=(-48)\div(-2)$

$=24$

[문제 9] – 4교시

무리수는 순환하지 않는 무한소수이기 때문에 무리수의 값을 가지고 수직선에 바로 나타내기는 어렵습니다.

하지만 무리수도 수직선 사이에 분명히 존재하는 수입니다.

따라서 무리수를 수직선에 대응시키는 방법이 어려운 것이지 나타낼 수 없는 것은 아닙니다.

아래의 그림을 보고 수직선상에서 $1+\sqrt{5}$이 대응하는 점을 찾아보시오. 정사각형 한 칸의 길이는 1입니다.

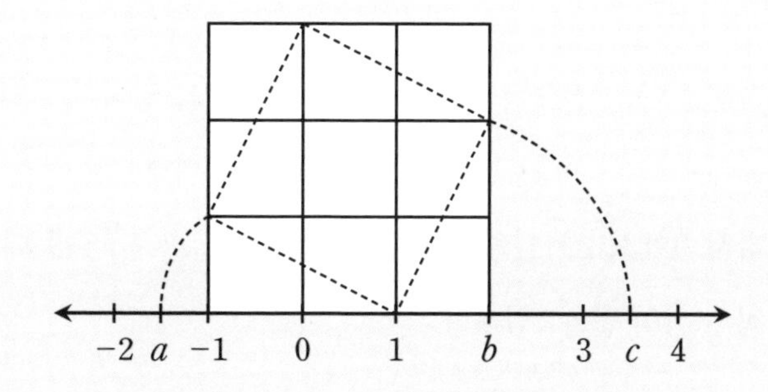

A.

정답 c

풀이

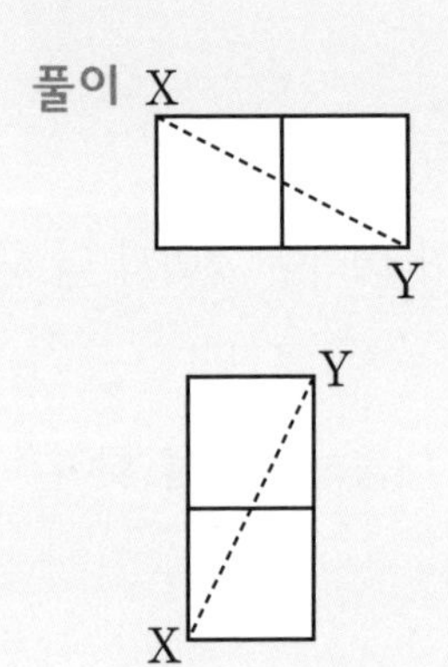

대각선 $(\overline{XY})^2$은 $1^2+2^2=5$이므로 $\overline{XY}$는 $\sqrt{5}$입니다. $\sqrt{5}$의 길이는 a에서 1까지 또는 1에서 c까지의 길이입니다.

따라서 0에서 c까지의 길이는 $1+\sqrt{5}$이고, $1+\sqrt{5}$에 대응하는 수직선 위의 점은 c입니다.

[문제 10] - 4교시

아래의 두 무리수 사이에 들어 있는 x값의 범위에 있는 정수의 개수를 a, 자연수의 개수를 b라 할 때, $a+b$의 값을 구하시오.

$$1-\sqrt{3}<x<1+\sqrt{3}$$

정답 5

풀이 $\sqrt{1}=\sqrt{1^2}=1$, $\sqrt{4}=\sqrt{2^2}=2$입니다.

$\sqrt{3}$은 $\sqrt{1}$과 $\sqrt{4}$사이에 있는 수이므로 $\sqrt{3}$은 1보다 크고 2보다 작습니다.

따라서 $1-\sqrt{3}$은 -1보다 크고, $1+\sqrt{3}$은 3보다 작습니다.

$1-\sqrt{3}<x<1+\sqrt{3}$에서 x는 -1과 3사이에 있는 수들의 집합입니다.

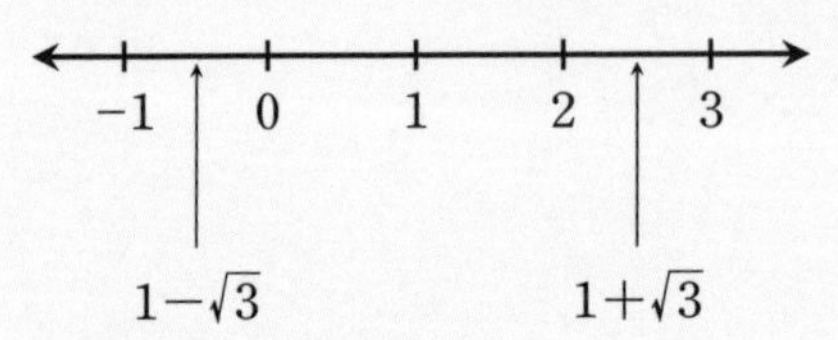

따라서 x값의 범위에서 정수는 0, 1, 2 세 개이고 자연수는 1, 2 두 개입니다.

$a=3$, $b=2$가 되어 $a+b=5$입니다.

[문제 11] - 4교시

팥쥐 엄마는 콩쥐에게 반지름이 $2\sqrt{3}$cm이고, 높이가 $\frac{\sqrt{3}}{3}$cm인 원기둥 모양의 항아리에 물을 채운 후에 잔치에 가라고 하였습니다. 콩쥐가 물을 채워야 할 원기둥의 부피를 구하시오.

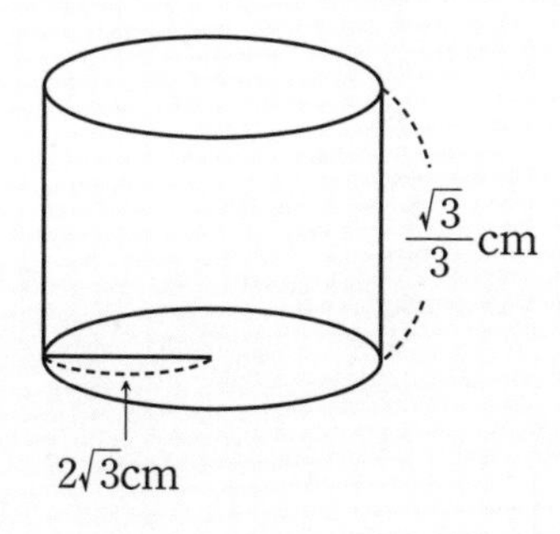

A.

정답 $4\sqrt{3}\text{cm}^3$

풀이 원기둥의 부피는 (밑면의 넓이×높이)이므로 콩쥐가 채울 물의 부피는 아래와 같습니다.

$$
\begin{aligned}
&(2\sqrt{3}\times2\sqrt{3}\times\pi)\times\frac{\sqrt{3}}{3}\\
&=2\times2\times\sqrt{3}\times\sqrt{3}\times\frac{\sqrt{3}}{3}\times\pi\\
&=4\times3\times\frac{\sqrt{3}}{3}\times\pi\\
&=4\sqrt{3}\pi
\end{aligned}
$$

[문제 12] - 4교시

번분수란 분수식에서 분자나 분모가 모두 분수이거나 분자 분모 중 하나가 분수로 되어 있는 식을 말합니다. 일반적인 번분수식은 아래와 같이 풀면 됩니다.

$$\frac{\frac{d}{c}}{\frac{b}{a}}=\frac{d}{c}\div\frac{b}{a}=\frac{d}{c}\times\frac{a}{b}=\frac{ad}{bc}$$

(다항식)×(다항식)은 분배법칙을 이용하여 풀면 쉽습니다.

예를 들어 $(a+b)(c+d)$을 분배법칙을 이용하여 풀면 다음과 같습니다.

$(c+d)=k$

$(a+b)(c+d)=(a+b)k=ak+bk$

$(a+b)(c+d)=ak+bk=a(c+d)+b(c+d)=ac+ad+bc+bd$

$$(a+b)(c+d)=ac+ad+bc+bd$$

다음과 같은 무리식을 간단히 하시오.

$$\sqrt{2}-\cfrac{1}{\sqrt{2}-\cfrac{1}{\sqrt{2}-\cfrac{1}{\sqrt{2}-1}}}$$

정답 1

풀이 $\dfrac{1}{\sqrt{2}-1}=\dfrac{(\sqrt{2}+1)}{(\sqrt{2}-1)(\sqrt{2}+1)}=\dfrac{\sqrt{2}+1}{2-1}=\sqrt{2}+1$

$$\sqrt{2}-\frac{1}{\sqrt{2}-1}=\sqrt{2}-(\sqrt{2}+1)=\sqrt{2}-\sqrt{2}-1=-1$$

$$\frac{1}{\sqrt{2}-\frac{1}{\sqrt{2}-1}}=\frac{1}{-1}=-1$$

$$\sqrt{2}-\frac{1}{\sqrt{2}-\frac{1}{\sqrt{2}-1}}=\sqrt{2}-(-1)=\sqrt{2}+1$$

$$\frac{1}{\sqrt{2}-\frac{1}{\sqrt{2}-\frac{1}{\sqrt{2}-1}}}=\frac{1}{\sqrt{2}+1}=\frac{(\sqrt{2}-1)}{(\sqrt{2}+1)(\sqrt{2}-1)}=\frac{\sqrt{2}-1}{2-1}=\sqrt{2}-1$$

$$\sqrt{2}-\frac{1}{\sqrt{2}-\frac{1}{\sqrt{2}-\frac{1}{\sqrt{2}-1}}}=\sqrt{2}-(\sqrt{2}-1)=\sqrt{2}-\sqrt{2}+1=1$$

[문제 13] – 5교시

아래의 집합은 덧셈, 뺄셈, 곱셈, 나눗셈 중 어느 연산에 대하여 닫혀 있는지 설명하시오. 단, 0으로 나누는 것은 생각하지 않습니다.

$$Z=\{x \mid x=2n+1,\ n\text{은 정수}\}$$

정답 Z는 곱셈에 대하여 닫혀 있습니다.

풀이 Z에서 $x=2n+1$은 2로 나누면 나머지가 1인 홀수입니다.

$x \in Z$, $y \in Z$라 할 때, $x=2n+1$, $y=2m+1$ m, n은 정수로 놓으면, $x+y=2n+1+2m+1=2(n+m+1) \notin Z$입니다.

반례) $7+5=12$ 2의 배수, 짝수

$x-y=2n+1-(2m+1)=2(n-m) \notin Z$

반례) $9-3=6$ 2의 배수, 짝수

$x \times y=(2n+1)(2m+1)=2(2mn+n+m)+1 \in Z$

예) $7 \times 5=35$ 홀수, $9 \times 3=27$ 홀수

$x \div y=(2n+1) \div (2m+1)=\dfrac{2n+1}{2m+1} \notin Z$

반례) $7 \div 5=1.4$ 1.4는 정수가 아님

연산한 값이 항상 홀수인 것은 곱셈입니다.

따라서 Z는 곱셈에 대하여 닫혀 있습니다.

[문제 14] – 5교시

a, b 두 수의 대소 관계를 비교할 때, a, b 두 수의 차를 이용하면 쉽게 알 수 있습니다.

즉 $a-b>0$이면 $a>b$이고, $a-b<0$이면 $a<b$입니다.

다음 두 실수의 대소 관계를 비교하시오.

$$3\sqrt{2}+1,\ \ 4\sqrt{2}-1$$

정답 $3\sqrt{2}+1>4\sqrt{2}-1$

풀이 두 수 $3\sqrt{2}+1$, $4\sqrt{2}-1$의 차는 아래와 같습니다.

$3\sqrt{2}+1-(4\sqrt{2}-1)$

$=3\sqrt{2}+1-4\sqrt{2}+1$

$=-\sqrt{2}+2$

$=-\sqrt{2}+\sqrt{4}>0$

따라서 $3\sqrt{2}+1>4\sqrt{2}-1$입니다.

[문제 15] - 5교시

복소수의 나눗셈에서 분모가 허수일 경우에는 분모를 실수화해야 합니다. 허수인 분모를 실수화하려면 분모와 분자에 분모의 켤레 복소수를 똑같이 곱하여주면 분수의 값은 변함이 없으면서 분모는 실수가 됩니다.

다음 식의 값과 같은 것을 고르시오.

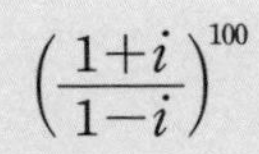

$$\left(\frac{1+i}{1-i}\right)^{100}$$

① -2 ② -1 ③ 0 ④ 1 ⑤ 2

A.

정답 ④

풀이 $\frac{1+i}{1-i}=\frac{(1+i)(1+i)}{(1-i)(1+i)}$

$=\frac{1+2i+i^2}{1-i^2}$

$=\frac{2i}{2}$

$=i$

$\left(\frac{1+i}{1-i}\right)^{100}=(i)^{100}$

$=(i^4)^{25}$

$=1^{25}$

$=1$

[문제 16] - 5교시

복소수의 나눗셈에서 분모가 허수일 경우에는 분모를 실수화해야 합니다. 허수인 분모를 실수화하려면 분모와 분자에 분모의 켤레 복소수를 똑같이 곱해주면 분수의 값은 변함이 없으면서 분모는 실수가 됩니다.

다음 식을 간단히 하시오.

$$\frac{1}{2+i}+\frac{1-i}{1+i}$$

정답 $\frac{2}{5}-\frac{6}{5}i$

풀이 $\frac{1}{2+i}+\frac{1-i}{1+i}=\frac{2-i}{(2+i)(2-i)}+\frac{(1-i)(1-i)}{(1+i)(1-i)}$

$=\frac{2-i}{4-i^2}+\frac{1-2i+i^2}{1-i^2}$

$=\frac{2-i}{4+1}+\frac{-2i}{2}$

$=\frac{2(2-i)+5(-2i)}{10}$

$=\frac{4-12i}{10}$

$=\frac{2}{5}-\frac{6}{5}i$

[문제 17] - 6교시

자연수 중에서 약수를 2개만 가진 수를 소수라고 합니다. 다음 중 소수를 가장 많이 가진 모둠은 어느 것인지 구하시오.

A={17, 27, 37, 47, 57, 67, 87, 97, 107}
B={21, 31, 41, 51, 71, 81, 91, 101, 111}
C={73, 83, 93, 103, 113, 123, 133, 143}

A.

정답 A

풀이 A: $27=3\times 9$, $57=3\times 19$, $87=3\times 29$

B: $21=3\times 7$, $51=3\times 17$, $81=3\times 27$,

$91=7\times 13$, $111=3\times 37$

C: $93=3\times 31$, $123=3\times 41$, $133=7\times 19$, $143=11\times 13$

$A=\{17, 37, 47, 67, 97, 107\}\Rightarrow$6개

$B=\{31, 41, 71, 101\}\Rightarrow$4개

$C=\{73, 83, 103, 113\}\Rightarrow$4개

[문제 18] - 6교시

자연수 $\mathbb{N}$이 $\mathbb{N}=a^m \times b^n$ a, b는 서로소인 소수으로 소인수분해 될 때, $\mathbb{N}$의 약수의 개수는 $(m+1)(n+1)$개입니다.

180의 약수의 개수를 위의 공식을 이용하면 아래와 같이 18개입니다.

180의 소인수 분해 180의 약수의 개수

$$180=2^2 \times 3^2 \times 5^1 \longrightarrow (2+1)(2+1)(1+1)=18$$

위의 180의 약수를 하세 벤다이어그램으로 모두 구하시오.

A.

정답 1, 2, 3, 4, 5, 6, 9, 10, 12, 15, 18, 20, 30, 36, 45, 60, 90, 180

풀이 그림 참조

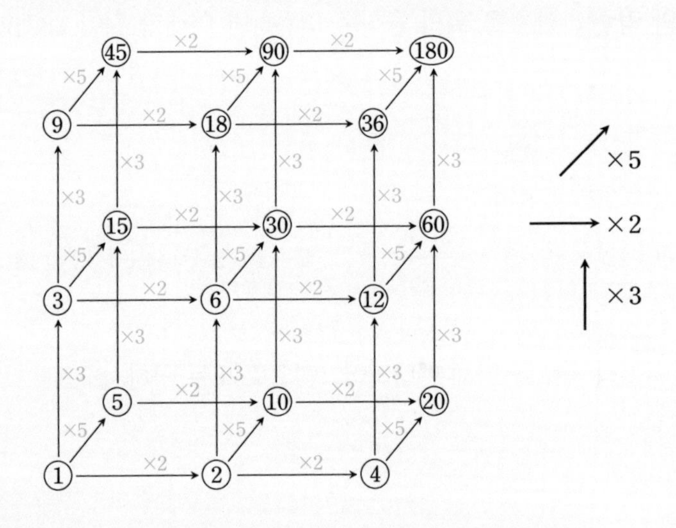

[문제 19] - 6교시

정수 A, B, Q에 대하여 A=BQ B≠0인 관계가 성립할 때, A를 B의 배수, B를 A의 약수라고 합니다. 아래의 보기를 보고 네 사람이 약수와 배수에 대한 설명을 하고 있습니다. 바르게 설명한 사람은 누구인지 구하시오.

$$0 \div 0 = 0(0 = 0 \times 0),\ \ 0 \div 4 = 0(0 = 4 \times 0)$$
$$\frac{3}{4} \div \frac{1}{4} = 3\left(\frac{3}{4} = \frac{1}{4} \times 3\right),\ \ 2 \div 0.5 = 4(2 = 0.5 \times 4)$$

범수 : 0은 0으로 나누면 몫이 0이고 나머지도 0입니다. 또 모든 수는 자신의 수를 약수와 배수로 가지니까 0은 0의 배수이고 0은 0의 약수입니다.

정수 : 0을 4로 나눌 수 없으므로 0은 4의 배수가 아닙니다.

혁수 : 0을 4로 나누면 몫이 0이고 나머지도 0이므로 0은 4의 배수가 되고, 4는 0의 약수가 됩니다.

인수 : $\frac{3}{4}$을 $\frac{1}{4}$로 나누면 몫이 3이고 나머지가 0이므로 $\frac{3}{4}$은 $\frac{1}{4}$의 배수이고 $\frac{1}{4}$은 $\frac{3}{4}$의 약수입니다.

동수 : 2를 0.5로 나누면 몫이 4이고 나머지가 0이므로 2는 0.5의 배수이고 0.5는 2의 약수입니다.

정답 혁수

풀이 문제에서 $A=BQ_{B\neq0}$라는 조건과 A, B, Q는 정수여야 한다는 조건을 주었습니다. 단, 나누는 수 B는 0이 아닌 정수여야 합니다. 다시 말해 A, Q는 0이 되어도 상관없지만 B는 0이 되면 안 된다는 뜻입니다.

$0\div0=0(0=0\times0)$에서 어떤 수든 0으로 나눌 수 없으므로 식 자체가 성립되지 않습니다.

$0\div4=0(0=4\times0)$에서 A, Q는 0이지만 B는 0이 아닌 4이므로 조건에 맞는 식입니다. 따라서 0은 4의 배수이고 4는 0의 약수입니다.

$\frac{3}{4}\div\frac{1}{4}=3\left(\frac{3}{4}=\frac{1}{4}\times3\right)$에서 몫이 3인 식은 맞지만 A, B가 정수가 아니므로 $\frac{1}{4}$과 $\frac{3}{4}$은 약수와 배수관계는 아닙니다.

$2\div0.5=4(2=0.5\times4)$에서 몫이 4인 식은 맞지만 B가 정수가 아니므로 2와 0.5는 배수와 약수의 관계는 아닙니다.

따라서 바르게 설명한 사람은 혁수입니다.

[문제 20] - 7교시

두 분수 $\frac{6}{11}$, $\frac{3}{5}$의 어느 분수에 곱하여도 그 값이 자연수가 되게 하는 분수 중 가장 작은 분수를 $\frac{a}{b}$라고 할 때, $a+b$을 구하시오.

단 a, b는 서로소인 자연수입니다.

A.

정답 58

풀이 $\frac{6}{11}\times\frac{a}{b}$, $\frac{3}{5}\times\frac{a}{b}$가 되기 위해서는 a는 11와 5의 공배수가 되어야 하고, b는 6과 3의 공약수가 되어야 $\frac{6}{11}\times\frac{a}{b}$, $\frac{3}{5}\times\frac{a}{b}$는 자연수가 됩니다.

11과 5의 공배수 중 가장 작은 공배수는 55이고 6과 3의 공약수 중 가장 큰 수는 3입니다.

따라서 $\frac{a}{b}$는 $\frac{55}{3}$입니다.

$a=55$, $b=3$

$a+b=58$

[문제 21] - 7교시

영만이 형과 경규 형은 방학이 되어 아르바이트를 구하기로 하였습니다. 영만이 형은 레스토랑에서 일하기로 하였는데 토요일과 일요일만 쉬기로 하였습니다. 경규 형은 경비업체에서 일하게 되었는데 3일 일하고 하루 쉬기로 하였습니다. 두 사람은 6월 20일 월요일부터 8월 28일까지 70일간 일하기로 하였습니다.
70일 동안 일하면서 두 사람이 함께 쉬는 날은 얼마나 되는지 구하시오.

A.

정답 4일

풀이 경규 형의 주기는 4일, 8일, 12일, 16일, … 입니다.

8=7+1이므로 경규 형은 처음 쉬는 요일을 기준으로 다음 주는 처음 쉬는 날로부터 하루씩 뒤로 가면서 쉬게 됩니다.

경규 형이 용만이 형과 같이 쉬려면 토요일이나 일요일에 쉬어야 합니다.

경규형이 처음 쉬는 날은 6월 23(목)입니다.

따라서 다음에 쉬는 날은 6월 27일(월)과 7월 1일(금)입니다.

같은 방법으로 8일씩 계산해가면 7월 9일(토), 7월 17(일)입니다.

다음은 4일 뒤인 7월 21(목)이고 그 다음부터는 처음처럼 반복하면 7월 29(금), 8월 6일(토), 8월 14일(일)이 됩니다.

다시 4일 뒤인 18일(목)부터 8일씩 계산하면 8월 26일이 마지막 쉬는 날입니다.

따라서 두 사람이 같이 쉬는 날은 7월 9일(토), 7월 17(일), 8월 6일(토), 8월 14일(일) 4일입니다.

[문제 22] - 7교시

4교시에서 유리수와 무리수를 배우면서 순환소수를 분수로 고치는 방법을 아래와 같이 배웠습니다.

> 순환소수를 분수로 고치는 방법 : 순환마디의 숫자의 개수만큼 분모에 9를 써주고 순환마디는 분자로 써줍니다.
>
> $0.\dot{a}b\dot{c}=\dfrac{abc}{999}$ 예) $0.\dot{3}\dot{1}=\dfrac{31}{99}$

순환소수 $0.\dot{7}1428\dot{5}$을 유클리드 호제법을 이용하여 기약분수로 나타내시오.

A.

정답 $\frac{5}{7}$

풀이 $0.\dot{7}1428\dot{5}=\frac{714285}{999999}$

②:2	714285	999999	1:①
	571428	714285	
	142857	285714	2:③
		285714	
		0	

① $999999-(714285\times1)=285714$

② $714285-(285714\times2)=142857$

③ $285714-(142857\times2)=0$

두 수의 최대공약수는 142857이고, 두 수를 최대공약수 142857로 나누면 $\frac{714285}{999999}=\frac{714285\div142857}{999999\div142857}=\frac{5}{7}$이 됩니다.

따라서 $0.\dot{7}1428\dot{5}$을 기약분수로 나타내면 $\frac{5}{7}$입니다.

[문제 23] - 7교시

다음 다항식 A, B, C의 최대공약수와 최소공배수를 구하시오.

$$A=x^2(x+1)(x-1)$$
$$B=x(x+2)(x-1)$$
$$A=x^3(x-1)(x+2)$$

A.

정답 최대공약수 : $x(x-1)$, 최소공배수 : $x^3(x-1)(x+1)(x+2)$

풀이

$$
\begin{array}{r|rrr}
x(x-1) & x^2(x+1)(x-1) & x(x+2)(x-1) & x^3(x-1)(x+2) \\ \hline
 & x(x+1) & (x+2) & x^2(x+2)
\end{array}
$$

최대공약수 : $x(x-1)$

$$
\begin{array}{r|rrr}
x(x-1) & x^2(x+1)(x-1) & x(x+2)(x-1) & x^3(x-1)(x+2) \\ \hline
(x+2) & x(x+1) & (x+2) & x^2(x+2) \\ \hline
x & x(x+1) & 1 & x^2 \\ \hline
 & (x+1) & 1 & x
\end{array}
$$

최소공배수 : $x(x-1)\times(x+2)\times x\times(x+1)\times x$

$$=x^3(x-1)(x+1)(x+2)$$

[문제 24] - 8교시

메르센 소수란 소수 중에서 2^n-1꼴인 수를 메르센 소수라고 합니다. n은 소수입니다.

다음 중 메르센 소수가 아닌 것을 고르시오.

① 2^2-1　　② 2^3-1　　③ 2^5-1

④ 2^6-1　　⑤ 2^7-1

A.

정답 ④

풀이 메르센 소수란 소수 중에서 2^n-1꼴인 수를 말하는데 여기서의 조건은 n이 소수일 경우만입니다. 그런데 2^6-1에서 6은 소수가 아니므로 2^6-1은 소수가 아닙니다.

$2^6-1=64-1=63$

63의 약수는 1, 3, 7, 9, 21, 63로 총 6개가 있습니다.

[문제 25] - 8교시

5보다 큰 소수들을 6으로 나누면 나머지는 1 또는 5가 나옵니다.

위의 명제를 증명하시오.

A.

정답 5보다 큰 소수들 중에서 가장 작은 소수는 7입니다.

따라서 7이상인 소수를 P라 하고, P를 6으로 나눈 몫을 Q, 나머지를 R이라 하면 $P=6Q+R$이 성립됩니다. $Q \geqq 1,\ 0 \leqq R \leqq 5$

① $R=0$일 경우 : $P=6Q$입니다.

따라서 P는 6의 배수가 되므로 'P는 소수이다' 와 모순이 됩니다.

② $R=2$일 경우 : $P=6Q+2$입니다.

P를 $6Q+2=2(3Q+1)$로 변형시키면 P는 2의 배수가 되므로 'P는 소수이다' 와 모순이 됩니다.

③ $R=3$일 경우 : $P=6Q+3$입니다.

P를 $6Q+3=3(2Q+1)$로 변형시키면 P는 3의 배수가 되므로 'P는 소수이다' 와 모순이 됩니다.

④ $R=4$일 경우 : $P=6Q+4$입니다.

P를 $6Q+4=2(3Q+2)$로 변형시키면 P는 2의 배수가 되므로 'P는 소수이다' 와 모순이 됩니다.

⑤ $R=1$일 경우 : $P=6Q+1$입니다.

따라서 P는 6으로 나누면 항상 나머지가 1이 나오는 수가 됩니다.

⑥ $R=5$일 경우 : $P=6Q+5$입니다.

따라서 P는 6으로 나누면 항상 나머지가 5가 나오는 수가 됩니다.

따라서 5보다 큰 소수들을 6으로 나누면 나머지는 1 또는 5가 나옵니다.

[문제 26] - 8교시

1에서 10까지 소인수가 하나인 수 중 가장 큰 수를 a, 11에서 20까지 소인수가 하나인 수 중에서 가장 작은 수를 b, 21에서 30까지 소인수가 하나인 수 중에서 두 번째로 작은 수를 c라고 할 때, $a+b+c$의 소인수를 구하시오.

A.

정답 3, 5

풀이 소인수가 하나인 수는 소수이거나 소수의 거듭제곱수입니다.

1에서 10까지 소인수가 하나인 수는 2, 3, 4, 5, 7, 8, 9입니다.

따라서 $a=9$입니다.

11에서 20까지 소인수가 하나인 수는 11, 13, 16, 17, 19입니다.

따라서 $b=11$입니다.

21에서 30까지 소인수가 하나인 수는 23, 25, 27, 29입니다.

따라서 $c=25$입니다.

$a+b+c=45$

$45=3\times3\times5$

따라서 $a+b+c$의 소인수는 3, 5입니다.

[문제 27] - 9교시

아래의 식에서 바른 것을 모두 고르시오.

① $2\times2\times2\times2\times2=2^5$

② $2\times2\times2\times3\times3=2^3+3^2$

③ $1^2\times2^2\times3^2\times4^2=2\times4\times6\times8$

④ $\left(\frac{1}{2}\right)^4=\frac{1}{2\times2\times2\times2}$

⑤ $\left(\frac{1}{2}\right)^4=\frac{1}{2}\times\frac{1}{2}\times\frac{1}{2}\times\frac{1}{2}$

⑥ $\left(\frac{2}{3}\right)^4=\frac{2}{3\times3\times3\times3}$

⑦ $\left(\frac{2}{3}\right)^4=\frac{2}{3}\times\frac{2}{3}\times\frac{2}{3}\times\frac{2}{3}$

A.

정답 ①, ④, ⑤, ⑦

풀이 ② $2\times2\times2\times3\times3=2^3\times3^2$

③ $1^2\times2^2\times3^2\times4^2=1\times4\times9\times16$

④, ⑤ $\left(\frac{1}{2}\right)^4=\frac{1}{2}\times\frac{1}{2}\times\frac{1}{2}\times\frac{1}{2}=\frac{1\times1\times1\times1}{2\times2\times2\times2}=\frac{1}{2\times2\times2\times2}$

⑥ $\left(\frac{2}{3}\right)^4=\frac{2\times2\times2\times2}{3\times3\times3\times3}$

[문제 28] - 9교시

소인수란 인수약수들 중에서 소수인 인수약수를 말합니다.

$$120=2^3\times3\times5$$

위의 식과 소인수 전체의 집합의 원소가 같은 집합은 어느 것인지 구하시오.

① $150=2\times3\times5^2$

② $168=2^3\times3\times7$

③ $72=2\times2^2\times3^2$

④ $280=2^3\times5\times7$

⑤ $126=2\times3^2\times7$

A.

정답 ①

풀이 소인수란 인수약수들 중에서 소수인 인수약수를 말합니다.

자연수 120은 $120=2^3\times3\times5$로 나타낼 수 있으므로 120의 소인수 전체의 집합은 {2, 3, 5}입니다.

따라서 2, 3, 5의 소인수를 가진 자연수는 $150=2\times3\times5^2$입니다.

[문제 29] - 9교시

자연수 $\mathbb{N}$이 $\mathbb{N}=a^m \times b^n$ a, b는 서로 다른 소수으로 소인수분해될 때, $\mathbb{N}$의 약수의 개수는 $(m+1)(n+1)$이고, $\mathbb{N}$의 약수의 총합은 $(1+a^1+a^2+a^3+\cdots+a^m)(1+b^1+b^2+b^3+\cdots+b^n)$입니다.

200을 소인수분해하면 $200=2^3\times5^2$입니다.

200의 약수의 개수와 200의 약수들의 합을 구하시오.

A.

정답 12개, 465

풀이 $200=2^3\times5^2$

200의 약수의 개수 : $(3+1)\times(2+1)=12$, 12개

200의 약수들의 합 : $(1+2^1+2^2+2^3)(1+5^1+5^2)$

$=(1+2+4+8)(1+5+25)$

$=15\times31$

$=465$

따라서 200의 약수들의 합은 465입니다.

[문제 30] - 9교시

자연수 $\mathbb{N}$이 $\mathbb{N}=a^l \times b^m \times c^n$ a, b, c는 서로 다른 소수으로 소인수분해 될 때, $\mathbb{N}$의 약수의 개수는 $(l+1)(m+1)(n+1)$입니다.

그리고 $\mathbb{N}$의 약수의 총합은 다음과 같습니다.

$$(1+a^1+a^2+\cdots+a^l)(1+b^1+b^2+\cdots+b^m)(1+c^1+c^2+\cdots+c^n)$$

양의 약수가 12개인 자연수 중 최소인 것을 골라서 그 자연수의 약수들의 합을 구하시오.

정답 최소 자연수 : 60, 60의 약수의 합 : 168

풀이 12의 인수는 다음과 같이 분류할 수 있습니다.

$12=12\times1$, $12=6\times2$, $12=4\times3$, $12=2\times2\times3$

따라서 약수 12개를 갖는 수의 지수의 합 중에서 최소인 수는 아래와 같습니다.

$12=12\times1$경우 : $2^{11}=2048$

$12=6\times2$경우 : $2^5\times3^1=32\times3=96$

$12=4\times3$경우 : $2^3\times3^2=8\times9=72$

$12=3\times2\times2$경우 : $2^2\times3^1\times5^1=4\times3\times5=60$

따라서 약수가 12개인 자연수 중 최소인 수는 60입니다.

그리고 60은 $60=2^2\times3^1\times5^1$로 소인수분해되므로 60의 약수의 합은 $(1+2^1+2^2)(1+3^1)(1+5^1)=7\times4\times6=168$입니다.

[문제 31] - 9교시

$3a$는 a를 3번 더해서 얻어진 값이고, a^3은 a를 3번 곱해서 얻어진 값입니다. 즉 $3a=1a+1a+1a$이고, $a^3=a^1\times a^1\times a^1$입니다. 다음 식에서 a, b를 구하고 $a+b$의 값을 구하시오.

$$5^3+5^3+5^3+5^3+5^3=5^a$$
$$5^3\times5^3\times5^3\times5^3\times5^3=5^b$$

A.

정답 $a=4,\ b=15,\ a+b=19$

풀이 $5^3=x$라고 합니다.

$$5^3+5^3+5^3+5^3+5^3=x+x+x+x+x$$
$$=5x,$$
$$=5\times5^3$$
$$=5^1\times5^3$$
$$=5^4$$

$5^3+5^3+5^3+5^3+5^3=5^a=5^4$이므로 $a=4$이다.

$$5^3\times5^3\times5^3\times5^3\times5^3=5^{3+3+3+3+3}$$
$$=5^{15}$$

$5^3\times5^3\times5^3\times5^3\times5^3=5^b=5^{15}$이므로 $b=15$이다.

따라서 $a+b=19$입니다.

다음 다항식의 최대공약수와 최소공배수를 구하시오.

$$a^2c^3d^2,\ \ b^2c^4d^3,\ \ a^3bc^2d^4$$

A.

정답 최대공약수 : c^2d^2, 최소공배수 : $a^3b^2c^4d^4$

풀이 최대공약수는 공통인 소인수들 중에 지수가 작은 수들의 곱입니다.

∴ 최대공약수 : c^2d^2

최소공배수는 공통인 소인수들 중에 지수가 큰 수들과 나머지 소인수들의 곱입니다.

∴ 최소공배수 : $a^3b^2c^4d^4$

다음과 같은 세 집합이 있습니다.

$A=\{x \mid x$는 6의 배수$\}$
$B=\{x \mid x$는 7의 배수$\}$
$C=\{x \mid x$는 a의 배수$\}$

위의 세 집합 사이에는 다음과 같은 관계가 성립될 때, 자연수 a의 최소값을 구하시오.

$C \subset (A \cap B)$

정답 42

풀이 $(A \cap B)$은 6과 7의 공배수들의 집합입니다.

6과 7의 최소공배수는 42이므로 $(A \cap B)$은 42의 배수들의 집합입니다.

$C \subset (A \cap B)$에서 C는 $(A \cap B)$의 부분집합이므로 C의 원소들도 42의 배수가 되어야 합니다.

따라서 42의 배수 중 가장 작은 자연수는 42입니다.

[문제 34] - 10교시

소연이는 스파게티를 좋아하고, 수윤이는 피자를 좋아하며, 혁수는 치킨을 좋아합니다. 그래서 소연이는 일주일에 한 번은 꼭 스파게티를 먹고, 수윤이는 6일마다 한 번은 피자를 먹습니다. 그리고 혁수는 3일에 한 번은 치킨을 먹습니다. 세 사람이 좋아하는 음식을 오늘 같이 먹었다면 또 며칠 후에 다시 같이 먹게 될지 구하시오.

A.

정답 42일 후

풀이 3, 6, 7의 최소공배수는 42입니다.

따라서 세 사람이 오늘 이후 각자가 좋아하는 음식을 같이 먹게 되는 날은 42일 후입니다.

[문제 35] - 10교시

주말이 되자 놀이공원에 나들이 차량이 많이 오고 있습니다. 많은 차들이 주차장에 들어가기 위해서 기다리고 있습니다. 10시 현재 주차장은 90대를 주차할 수 있는 공간이 남아 있는데, 2분에 4대 꼴로 나오고 있고, 3분에 15대꼴로 들어가고 있습니다.

주차장이 만차가 되는 시간은 언제입니까?

A.

정답 10시 30분

풀이 주차장을 나오는 차는 1분에 2대씩이고, 주차장으로 들어오는 차는 1분에 5대씩이므로 1분에 3대씩 주차장으로 들어오는 것과 같습니다.

따라서 90대차 들어오기 위해서는 30분이 걸리므로 10시 30분이면 주차장은 만차가 됩니다.

[문제 36] - 10교시

설날 소연이와 혁수 그리고 수윤이는 세뱃돈을 받았는데 세 사람의 세뱃돈의 비가 2:3:5였습니다. 그리고 세 사람의 최소공배수가 180이였습니다.

세 사람은 각각 얼마의 세뱃돈을 받았는지 구하시오. 단위는 만원입니다.

A.

정답 소연 : 12만원, 혁수 : 18만원, 수윤 : 30만원

풀이 세 사람의 비가 2:3:5이므로 세 사람은 각각 $2x$, $3x$, $5x$원의 세뱃돈을 받은 것입니다.

$2x$, $3x$, $5x$의 최소공배수는 $2\times3\times5\times x$이고,

$2\times3\times5\times x=180$입니다.

따라서 x는 6입니다.

세 사람이 받은 세뱃돈은 $2x$, $3x$, $5x$이므로 세 사람은 각각 $2\times6=12$, $3\times6=18$, $5\times6=30$, 즉 12만원, 18만원, 30만원의 세뱃돈을 받았습니다.